总序 GENERAL PREFACE

20世纪80年代初，中国真正的现代艺术设计教育开始起步。20世纪90年代末以来，中国现代产业迅速崛起，在现代产业大量需求设计人才的市场驱动下，我国各大院校实行了扩大招生的政策，艺术设计教育迅速膨胀。迄今为止，几乎所有的高校都开设了艺术设计类专业，艺术类专业已经成为最热门的专业之一，中国已经发展成为世界上最大的艺术设计教育大国。

但我们应该清醒地认识到，艺术和设计是一个非常庞大的教育体系，包括了设计教育的所有科目，如建筑设计、室内设计、服装设计、工业产品设计、平面设计、包装设计等，而我国的现代艺术设计教育尚处于初创阶段，教学范畴仍集中在服装设计、室内装潢、视觉传达等比较单一的设计领域，设计理念与信息产业的要求仍有较大的差距。

为了符合信息产业的时代要求，中国各大艺术设计教育院校在专业设置方面提出了"拓宽基础、淡化专业"的教学改革方案，在人才培养方面提出了培养"通才"的目标。正如姜今先生在其专著《设计艺术》中所指出的"工业＋商业＋科学＋艺术＝设计"，现代艺术设计教育越来越注重对当代设计师知识结构的建立，在教学过程中不仅要传授必要的专业知识，还要讲解哲学、社会科学、历史学、心理学、宗教学、数学、艺术学、美学等知识，以便培养出具备综合素质能力的优秀设计师。另外，在现代艺术设计院校中，对设计方法、基础工艺、专业设计及毕业设计等实践类课程的讲授也越来越注重教学课题的创新。

理论来源于实践、指导实践并接受实践的检验，我国现代艺术设计教育的研究正是沿着这样的路线，在设计理论与教学实践中不断摸索前进。在具体的教学理论方面，几年前或十几年前的教材已经无法满足现代艺术教育的需求，知识的快速更新为现代艺术教育理论的发展提供了新的平台，兼具知识性、创新性、前瞻性的教材不断涌现出来。

随着社会多元化产业的发展，社会对艺术设计类人才的需求逐年增加，现在全国已有1 400多所高校设立了艺术设计类专业，而且各高等院校每年都在扩招艺术设计专业的学生，每年的毕业生超过10万人。

随着教学的不断成熟和完善，艺术设计专业科目的划分越来越细致，涉及的范围也越来越广泛。我们通过查阅大量国内外著名设计类院校的相关教学资料，深入学习各相关艺术院校的成功办学经验，同时邀请资深专家进行讨论认证，发觉有必要推出一套新的、较为系统的专业院校艺术设计教材，以适应当前艺术设计教学的需求。

我们策划出版的这套艺术设计类系列教材，是根据多数专业院校的教学内容安排设定的，所涉及的专业课程主要有艺术设计专业基础课程、平面广告设计专业课程、环境艺术设计专业课程、动画专业课程等。同时还以专业为系列进行了细致的划分，内容全面，难度适中，能满足各专业教学的需求。

本套教材在编写过程中充分考虑了艺术设计类专业的教学特点，把教学与实践紧密地结合起来，参照当今市场对人才的新要求，注重应用技术的传授，强调学生实际应用能力的培养。同时，每本教材都配有相应的电子教学课件或素材资料，可大大方便教学。

在内容的选取与组织上，本套教材以规范性、知识性、专业性、创新性、前瞻性为目标，以项目训练、课题设计、实例分析、课后思考与练习等多种方式，引导学生考察设计施工现场、学习优秀设计作品实例，力求使教材内容结构合理、知识丰富、特色鲜明。

本套教材在艺术设计类专业教材的知识层面也有了重大创新，做到了紧跟时代步伐，在新的教育环境下，引入了全新的知识内容和教育理念，使教材具有较强的针对性、实用性及时代感，是当代中国艺术设计教育的新成果。

本套教材自出版后，受到了广大院校师生的赞誉和好评。经过广泛评估及调研，我们特意遴选了一批销量好、内容经典、市场反响好的教材进行了信息化改造升级，除了对内文进行全面修订外，还配套了精心制作的微课、视频，提供了相关阅读拓展资料。同时，将策划出版选题中具有信息化特色、配套资源丰富的优质稿件也纳入了本套教材中出版，并将丛书名由原先的"21世纪高等院校精品规划教材"调整为"高等职业院校艺术设计类新形态精品教材"，以适应当前信息化教学的需要。

高等职业院校艺术设计类新形态精品教材是对信息化教材的一种探索和尝试。为了给相关专业的院校师生提供更多增值服务，我们还特意开通了"建艺通"微信公众号，负责对教材配套资源进行统一管理，并为读者提供行业资讯及配套资源下载服务。如果您在使用过程中，有任何建议或疑问，可通过"建艺通"微信公众号向我们反馈。

诚然，中国艺术设计类专业的发展现状随着市场经济的深入发展将会逐步改变，也会随着教育体制的健全不断完善，但这个过程中出现的一系列问题，还有待我们进一步思考和探索。我们相信，中国艺术设计教育的未来必将呈现出百花齐放、欣欣向荣的景象！

肖 勇 傅 祎

"建艺通"微信公众号

高等职业院校艺术设计类新形态精品教材

总主编／肖勇 傅祎

AUTOCAD DRAWING DESIGN
AutoCAD绘图设计

主　编　◎潘　力　陈金山
副主编　◎袁　青　于瑾佳

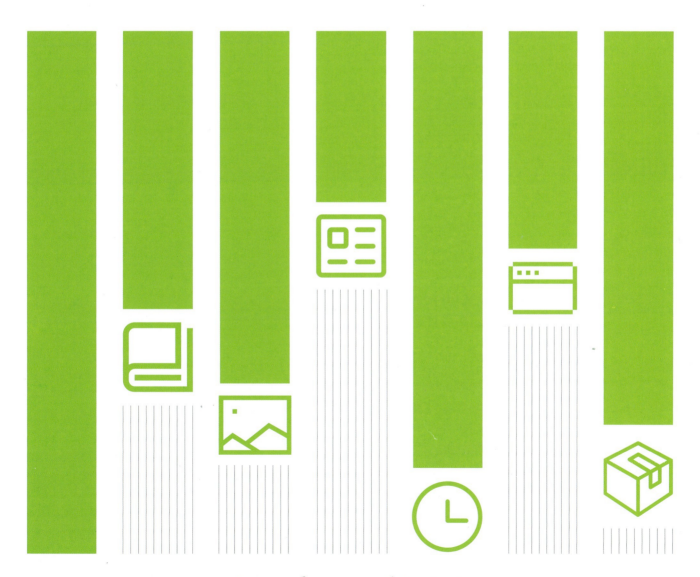

北京理工大学出版社
BEIJING INSTITUTE OF TECHNOLOGY PRESS

内容提要

本书共9章，介绍了AutoCAD 2014绘图基础，二维图形的基本绘制，视图控制与二维图形编辑，图层管理、特性查询、图块的定义和编辑，尺寸标注与文本标注，三维图形的基本绘制，输出与打印等内容。本书比较全面、系统地介绍了AutoCAD 2014的绘制和编辑命令，通过讲解多个案例，将各操作命令进行串联。本书图文并茂，便于读者进行理解和参照。对于AutoCAD 2014使用过程中的重要环节，书中作了专项说明，能够加深学习者对重点和难点问题的理解。书后附带快捷键的操作命令列表，能够方便读者使用该软件。

本书适合作为高职高专院校艺术设计专业、机械专业、建筑及规划专业的计算机辅助设计教材，也可以作为相关专业人员和爱好者的学习参考用书。

版权专有　侵权必究

图书在版编目（CIP）数据

AutoCAD绘图设计 / 潘力，陈金山主编.—北京：北京理工大学出版社，2022.12重印
ISBN 978-7-5682-7725-9

Ⅰ.①A…　Ⅱ.①潘…　②陈…　Ⅲ.①AutoCAD软件－高等学校－教材　Ⅳ.①TP391.72

中国版本图书馆CIP数据核字（2019）第236654号

出版发行 /	北京理工大学出版社有限责任公司
社　　址 /	北京市海淀区中关村南大街5号
邮　　编 /	100081
电　　话 /	（010）68914775（总编室）
	（010）82562903（教材售后服务热线）
	（010）68944723（其他图书服务热线）
网　　址 /	http://www.bitpress.com.cn
经　　销 /	全国各地新华书店
印　　刷 /	河北鑫彩博图印刷有限公司
开　　本 /	889毫米×1194毫米　1/16
印　　张 /	9
字　　数 /	255千字
版　　次 /	2022年12月第1版第4次印刷
定　　价 /	58.00元

责任编辑 / 钟　博
文案编辑 / 钟　博
责任校对 / 周瑞红
责任印制 / 边心超

图书出现印装质量问题，请拨打售后服务热线，本社负责调换

前言 PREFACE

　　AutoCAD是美国Autodesk公司于20世纪80年代初为在微型计算机上应用CAD技术而开发的绘图程序软件包。经过不断完善，AutoCAD现已成为国际上广为流行的绘图工具。它可以通过指定命令绘制和编辑二维和三维图形，同传统的手工绘图相比，利用AutoCAD设计、绘制矢量图形，既科学精确又能提高工作效率。它已经在航空航天、造船、建筑、机械、电子、化工、美工、轻纺等领域得到了广泛应用，并取得了丰硕的成果。AutoCAD绘图设计是一门非常重要的课程，是工程技术人员和相关专业（环艺、建筑学、土木、计算机艺术设计、计算机应用及机电等专业）学生的必修课。它具有广泛的适应性，可以在各种操作系统的微型计算机和工作平台上运行，并支持40多种分辨率为320×200～2 048×1 024像素的图形显示设备、30多种数字仪和鼠标器、数十种绘图仪和打印机。

　　本书内容以实际性应用为出发点，通过实际案例的讲解和演示，将命令的使用方法和综合应用融合在一起。书中所有内容都以绘制图形案例为主线串联起来，尽可能地将命令的讲解融汇于绘图的过程，使学习者在学习命令的同时，熟练掌握命令的使用方法和技巧，全面、系统、有针对性地培养和训练实战能力。

　　由于AutoCAD具有强大的绘图和编辑功能，因此即使是同一个绘图目标，也会有多种绘制方式和方法。本书仅以便于理解和应用的方式进行演示。学习者在掌握一种方式的基础上，可开发更多、更快捷的绘图技能。本书对功能相近的命令进行了分析和比较，对同类作图问题进行了概括、总结或提示，注重绘图的技巧性，致力于优化绘图步骤。

　　为适应不同层次、不同专业学习者的使用要求，本书的案例类型比较全面，既包含建筑、艺术类二维图形的绘制，也列举了不少机电类三维设计作品，专业必修与选修并行，便于学习者拓展相关专业知识，为将来成为复合型人才打下一定的基础。

　　本书有以下几个特点：一是配备了二维码资源，扫码即可观看相关的配套资料，有助于使用者更全面地了解学科相关知识及学习内容；二是引用了AutoCAD 2014的应用案例及图文资料；三是框架结构合理，教学重点突出、内容条理性强；四是案例新颖，以便使用者更直观地了解相关知识。

　　由于编者水平有限，加上编写时间仓促，书中错误、疏漏或不妥之处在所难免，恳请广大读者与同行批评指正。

编　者

目录 CONTENTS

第1章 初步了解 AutoCAD 2014 ……001
1.1 AutoCAD 2014 概述 …………………001
1.2 AutoCAD 2014 的主要功能 …………002
1.3 AutoCAD 2014 新增功能 ……………004

第2章 AutoCAD 2014 绘图基础 ……006
2.1 认识 AutoCAD 2014 的工作界面 ……006
2.2 AutoCAD 2014 图形文件操作 ………010
2.3 坐标与坐标系 …………………………013
2.4 AutoCAD 2014 命令的使用 …………014
2.5 绘图的辅助功能 ………………………017
2.6 设置绘图环境 …………………………022

第3章 二维图形的基本绘制 ……026
3.1 点、直线、射线与构造线 ……………026
3.2 矩形与正多边形 ………………………030
3.3 圆与圆弧 ………………………………033
3.4 圆环、椭圆与椭圆弧 …………………036
3.5 多线与多段线 …………………………038
3.6 样条曲线与修订云线 …………………040
3.7 图案填充 ………………………………042

第4章 视图控制与二维图形编辑 ……045
4.1 重画与重生成 …………………………045
4.2 视图的缩放和平移 ……………………046
4.3 更改为随层 ……………………………047
4.4 删除与取消删除 ………………………048
4.5 复制、镜像与阵列 ……………………048
4.6 移动与旋转 ……………………………051
4.7 缩放与拉伸 ……………………………053
4.8 修剪与延伸 ……………………………055
4.9 圆角与倒角 ……………………………057
4.10 打断、分解与合并 …………………059
4.11 夹点 …………………………………061
4.12 面域与边界 …………………………062

第5章 图层管理、特性查询、图块的定义和编辑 ……066
5.1 图层 ……………………………………066
5.2 特性 ……………………………………073
5.3 图块 ……………………………………075
5.4 查询 ……………………………………080

第6章 尺寸标注与文本标注 ……084
6.1 尺寸标注概述 …………………………084
6.2 标注样式的编辑 ………………………084
6.3 标注样式的参数设置 …………………086
6.4 尺寸的标注 ……………………………090
6.5 编辑尺寸标注 …………………………095
6.6 文字样式的设置 ………………………096
6.7 文字的输入 ……………………………097

第7章 三维图形的基本绘制 ……099
7.1 三维工作空间与视点设置 ……………099
7.2 三维坐标系 ……………………………100
7.3 绘制三维基本图形 ……………………102
7.4 三维实体的编辑与渲染 ………………109

第8章 输出与打印 ……117
8.1 设置布局 ………………………………117
8.2 输出图形 ………………………………122

第9章 综合实例 ……129
9.1 装饰平面图的绘制 ……………………129
9.2 装饰立面图及剖面图的绘制 …………133

附录 AutoCAD 快捷键一览表 ……135

参考文献 ……138

CHAPTER ONE

第 1 章　初步了解 AutoCAD 2014

知识目标

通过对本章内容的学习，初步了解 AutoCAD 2014 的工作原理、主要功能和新增功能；熟悉和了解 AutoCAD 2014 的功能组成，为深入学习 AutoCAD 2014 做准备。

能力目标

1. 了解 AutoCAD 2014 的基础知识；
2. 认识 AutoCAD 2014 的主要功能；
3. 了解 AutoCAD 2014 的新增功能。

1.1　AutoCAD 2014 概述

AutoCAD 是一种辅助设计软件，应用于工程技术及艺术设计等多个领域，是现代设计中非常重要的一项技术。通常称 AutoCAD 为 CAD，它是英文 Computer（计算机）、Aided（自动）和 Design（设计）的首字母缩写。

1.1.1　AutoCAD 2014 基础知识

以往的绘图方式是利用最基本的绘图工具和仪器手工绘制，这种绘图方式不但耗时费力，而且绘制起来非常麻烦，且精度低、出错率高，不便于修改。有时图形图纸很大，图面布局烦琐，不宜携带和观看，更无法复制，从而带来了很大的不便。

计算机辅助设计（Computer Aided Design，CAD）是工程技术人员利用计算机进行的整个设计活动，是随着社会的进步和科技的发展而形成并不断发展更新的一种综合性高新技术，主要为工程及机械的设计、绘图以及文件的编辑等服务。

正是在这样的背景下，美国 Autodesk 公司于 20 世纪 80 年代初开发了 AutoCAD 的第一个版本。这个设计软件的推出给建筑、机械、电子、造船、土木、纺织、商业、地质等行业带来了飞速的发展。随着社会的发展和工商业的进步,人们对于更先进、更高级软件的需求变得越来越迫切。于是Autodesk 公司的研发人员不断致力于对 AutoCAD 程序的改进,对它进行了若干次的升级。每一次升级都使这个软件得到了飞跃性的改进,使它更易于掌握也更方便快捷,由此大大提高了人们绘图的速度和精确度。

随着计算机技术的飞速发展,CAD 已经成为现代工业中非常重要的一项技术,而 AutoCAD 系列软件由于其便捷的绘图功能、友好的人机界面、强大的二次开发能力以及方便可靠的硬件接口,已成为世界上应用最广泛的软件之一。

1.1.2 AutoCAD 绘图的基本步骤

AutoCAD 不仅是绘图方式的一次革命,也是设计过程的一次革命。AutoCAD 绘图的基本步骤:设计计算→优化设计→设计资料查询→有限元分析→可靠性分析→动态分析和仿真→渲染、动画显示→交互式绘图→参数化图库→图样自动生成。

1.1.3 AutoCAD 2014 的特点

AutoCAD 2014 是 Autodesk 公司于 2013 年 3 月推出的版本,它是在 Windows 平台下开发的,完全符合 Windows 标准,是第三代面向对象的结构一体化软件,采用窗口界面和按钮显示方式,不仅使绘图更加简单,而且便于管理。整个程序比较紧凑,且有较高的运行效率。

1.2 AutoCAD 2014 的主要功能

1.2.1 完善的图形绘制功能

AutoCAD 的核心功能是绘图,它不仅提供了绘制简单图形的图元(点、直线、圆、圆弧、多边形、矩形、椭圆等),还提供了绘制复杂线条的图元(样条曲线、多线、构造线等),并且实现了这些图元的完美结合,可以绘制不同难易程度的图形,如图 1.1 所示。

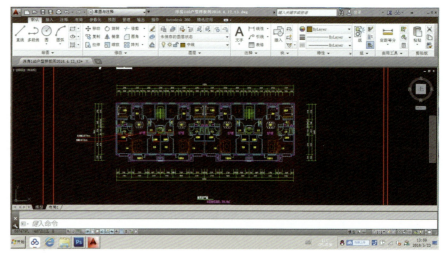

图 1.1

1.2.2 强大的图形编辑功能

AutoCAD 在绘制图形的过程中，往往只需要基本图元的一部分线条，这就需要对图形进行编辑，也就是对绘制好的图形进行修剪、调整等操作，以达到预期的要求。AutoCAD 2014 提供了丰富的图形编辑工具，如删除、复制、镜像、偏移、阵列、移动、旋转、缩放、拉伸、修剪、延伸、打断、倒角、圆角和等分等，把 AutoCAD 2014 的绘图和编辑功能结合在一起使用，能够大大提高绘图的速度和准确性。

1.2.3 尺寸标注和文字输入功能

为了满足图形集合信息的交互需求，AutoCAD 提供了图形的标注功能，这是整个绘图过程中不能缺少的，在【标注】菜单和【标注】工具栏中包含了一套完整的尺寸标注和编辑命令，使用它们可以准确、快捷地标注图样上的各种尺寸，如标注直径、半径、角度、坐标、公差等，同时还有文字显示功能，可以设定所需文字的样式，如图 1.2 所示。

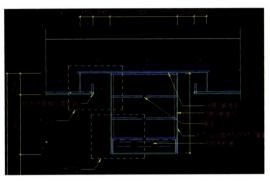

图 1.2

1.2.4 强大的三维造型功能

AutoCAD 2014 提供了两种三维造型方法，分别是线框体造型方法和实体造型方法。

线框体造型方法就是通常所说的 2.5D，通过对平面图形设置标高和厚度将其转换为三维图形。这种方法的好处是图形能在二维平面中修改，这对于施工图来说是非常实用的，所以目前建筑行业的大多数专业软件都采用这种方法建模。

实体造型方法就是通常所说的 3D，能够绘制表面形状复杂的三维图形，这种方法和 3ds Max 的建模方法相似，执行【绘图】→【建模】命令可以绘制多段体、长方体、圆锥体、球体、圆柱体、圆环体、棱锥面、平面曲面、网格（三维面三维网格）等基本实体，还可通过将一些平面图形拉伸、旋转、扫掠、放样产生复杂的三维图形。在绘制表现图时常常采用两种方法混合建模。

1.2.5 渲染功能

AutoCAD 2014 提供了完善的图形渲染功能，能够实现类似 3ds Max 的 3D 渲染效果，如附着材质和纹理，设置灯光、渲染器、外部环境（例如背景和雾化）、光线跟踪反射和折射等高级渲染技术使用户可以渲染非常详细和具有照片级真实感的图像，如图 1.3 所示。

图 1.3

1.2.6 数据和信息查询功能

利用 AutoCAD 2014 的数据和信息查询功能可以很方便地查询图形的几何信息，如坐标、距离、周长、面积、体积等公共特性,还能查询实体和面域的质量特性,包括质量、质心、惯性矩、惯性积等,并根据这些信息检查产品的各种特性。

1.2.7 强大的输出功能

AutoCAD 2014 不但能将图形以不同的样式通过绘图仪或打印机输出,还能将 AutoCAD 图形以其他的格式输出。AutoCAD 的标准文件格式为".dwg",除此之外,AutoCAD 还能生成其他类型的图形文件,如".eps"".bmp"".jpg"等格式,具有良好的文件外部接口,从而为图形的制式转换、多软件通用创造了条件。

1.2.8 布局打印功能

AutoCAD 2014 有模型空间和图纸空间两种工作环境,可以在模型空间中创建各种视图,如正视图、俯视图、剖视图、局部详图等。在图纸空间中调整图纸比例、尺寸标注和文字标注是非常方便的,同时,AutoCAD 2014 还开发了与打印设备的接口程序,使打印出图更加方便。

1.3 AutoCAD 2014 新增功能

AutoCAD 从面世以来版本一直在更新,对软件的功能不断进行优化。在此,对比较重要的新增功能进行介绍,以便读者对 AutoCAD 2014 的操作有更全面的认识。AutoCAD 2014 的操作界面如图 1.4 所示。

1.3.1 图层管理器

AutoCAD 2014 增加了显示功能区上的图层数量,图层排列顺序以自然数的形式进行排列。例如,图层的名称为 1、9、26、6、2、11、5,AutoCAD 以往版本的排列顺序为先以 1 开头的图

图 1.4

层进行排列,然后以 2 开头的图层进行排列,以此类推,排列的顺序为 1、11、2、26、5、6、9;AutoCAD 2014 按照自然数形式排列,顺序为 1、2、5、6、9、11、26。

1.3.2 自动更正与自动完成

1. 自动更正

如果在命令行中输入错误命令,提示将不再显示为"未知命令",而是根据输入的内容,自动更正成最接近且有效的 AutoCAD 2014 命令。例如,在命令行中输入"setting"命令,系统将自动更正为正确的命令"settings"。

2. 自动完成

自动完成命令升级到可以支持中间字符搜索。例如,在命令行中输入"stretch"命令,只需要在命令行中输入"s",命令行将自动搜索并提示所有与"s"有关的命令,如图1.5所示。

1.3.3 绘图增强

AutoCAD 2014 增强了绘图功能,便于更加高效地完成绘图。

图 1.5

参数化绘图是从 AutoCAD 2010 版本以后增加的功能,可以通过对图形对象的约束提高设计的质量和速度。几何和尺寸约束能够确保目标对象在修改后仍能保持特定的关联及尺寸。创造和管理几何尺寸约束的工具均设置在【参数化】功能区菜单中,在绘制二维草图和注释工作空间时能够自动显示出来,如图1.6所示。

图 1.6

参数化绘图中几何关系的建立对于用 AutoCAD 建模非常实用。几何关系是通过约束建立和维持对象间、对象上的关键点或坐标系间的几何关联,关联性地进行编辑和设计。例如,可以指定两个圆一直同心,两条直线一直保持水平等。

在【参数化】菜单中的【几何】面板上,直接进行约束类型的选择。当使用约束时,光标的旁边就会出现一个图标,提示所选择的约束类型。约束建立后,无论对约束关系中的哪个对象进行编辑或修改,另外的对象都会随之更新。

1.3.4 地理位置

AutoCAD 2014 能够在输入地理位置的图形中进行数据转换。如果渲染模型,可以提供准确的太阳角度;如果将输出的图形与 Google 地图服务器进行连接,AutoCAD 2014 会自动显示特定点的正确位置。例如,规划、建筑和景观设计师采用同样的坐标系进行设计,当图纸合并为单一文件时,图上任意点的位置信息均可以进行信息查询,从而了解这些点对应的逻辑地理位置。同时,如果计算机上有 GPS 装置,就可以看到图中计算机所在的当前位置。

本章小结

通过本章内容的学习,读者能够比较全面的认识 AutoCAD 2014 的基本工作原理、主要的绘图和建模功能,并能够了解 AutoCAD 2014 的新增功能。掌握了这些内容,可以为更好地学习 AutoCAD 2014 做准备。

思考与实训

1. 简述 AutoCAD 2014 的主要功能。
2. 简述 AutoCAD 2014 的新增功能。

第 2 章 AutoCAD 2014 绘图基础

CHAPTER TWO

知识目标

在熟悉和了解 AutoCAD 2014 基本工作界面和功能的基础上，进行基础绘图内容的学习。通过本章的学习，了解如何定义绘图环境，掌握基本新建、重做、对象捕捉等命令。熟悉 AutoCAD 2014 的工作界面，了解 AutoCAD 2014 的坐标系，学会设置线性和绘图参数等内容。

能力目标

1. 能够根据绘图需要选择适用的坐标系；
2. 能够设置基本的绘图环境，并运用对象捕捉命令进行特征点的设定和捕捉；
3. 能够进行基本图形的绘制。

双击 AutoCAD 图标启动 AutoCAD 2014 后，用户可以根据自己的需要和习惯选择工作空间。AutoCAD 2014 包含 3 种工作空间，分别是 AutoCAD 经典、二维草图与注释、三维建模。

2.1 认识 AutoCAD 2014 的工作界面

启动 AutoCAD 2014 后出现图 2.1 所示的工作界面，图形的绘制工作就是在这个界面中完成的。AutoCAD 2014 的工作界面是由标题栏、菜单栏、工具栏、绘图区域、命令行窗口、状态栏、工具选项板等元素组成的。

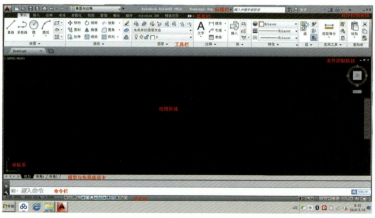

图 2.1

2.1.1 标题栏

标题栏位于工作界面的最上方，主要用来显示正在运行的程序名称以及正在操作的文件等信息。标题栏的左边是正在运行的应用程序，右边分别是【最小化】【最大化】和【关闭】按钮 ![]。

2.1.2 菜单栏

菜单栏位于标题栏下方，显示可以使用的菜单命令，由多个相互独立的菜单项组成，单击任何一个菜单都将弹出一个下拉式菜单，从中可以选择需要的命令。AutoCAD 2014 工作界面中包含【默认】【插入】【注释】【布局】【参数化】【三维工具】【渲染】【视图】【管理】【输出】【插件】【Autodesk 360】【精选应用】菜单，这些菜单几乎包含了 AutoCAD 2014 所有的绘图命令。

AutoCAD 2014 的菜单命令可分为 3 种。

1. 直接操作的菜单命令

执行直接操作的菜单命令可以直接进行相应的绘图或其他操作。例如执行【编辑】菜单中的【放弃命令组】命令，系统将撤销对图形的操作，还原到上一步操作。如图 2.2 所示，菜单命令文字对应的组合字母即该命令的快捷键。

图 2.2

2. 带有小三角形的菜单命令（子菜单）

带有小三角形的菜单命令后面带有子菜单，它属于同一个命令的多个选项。例如，执行【绘图】菜单中的【圆弧】命令，将会弹出其对应的子菜单，如图 2.3 所示。

3. 直接打开对话框的菜单命令

直接打开对话框的菜单命令后面带有省略号，选中后会弹出相应的对话框。例如，执行【默认】菜单中的【颜色】命令将打开【选择颜色】对话框，如图 2.4、图 2.5 所示。

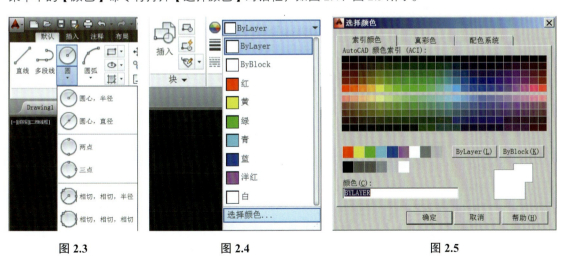

图 2.3　　　　　　图 2.4　　　　　　图 2.5

2.1.3 工具栏

工具栏是组织和管理命令的集合，是执行 AutoCAD 命令最为直观的工具。每个工具栏中都包含许多按钮，单击某一个按钮表示执行该按钮所代表的命令。

系统提供了很多按命令分类的工具栏，这些工具栏不可能同时显示在界面上，只需在任意一个工具栏上单击鼠标右键，在弹出的快捷菜单中选择所需要的选项即可，如图 2.6 所示。

左边标记有"√"的选项表示该工具栏被选中。如要关闭该工具栏，单击工具栏右边的【关闭】按钮即可。

根据工具栏的显示方式，工具栏可分为三种：固定工具栏、浮动工具栏和弹出式工具栏，如图2.7 所示。

图 2.6

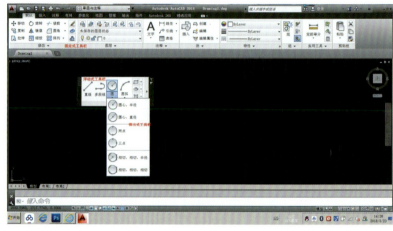

图 2.7

固定工具栏是指位于 AutoCAD 2014 工作界面四周的工具条，其表现为工具栏的上部或左部有两条突起的线条。当按住鼠标左键，拖动工具栏的非按钮区域到别的位置时，固定工具栏变为浮动工具栏。

浮动工具栏是指位于非固定工具栏区域的工具栏，其形状和 Windows 的窗口相似，有标题栏和【关闭】按钮。拖动标题栏可以移动其位置，拖动其边框可以改变浮动工具栏的形状及大小，单击【关闭】按钮 可关闭该工具栏。将浮动工具栏拖到固定工具栏的位置，它将变成固定工具栏。

如果某工具栏按钮的右下角有一个三角形标记，单击该按钮按住鼠标左键不放，会弹出一个新的工具栏，其称为弹出式工具栏。注意其使用方法是按住鼠标左键滑至所需选项上再放开。

2.1.4 绘图区域

AutoCAD 2014 工作界面上最大的空白区域就是绘图区域，它是用户绘制、编辑、显示图形对象的工作区域，相当于手工绘图的图纸。在这个区域中有十字光标、用户坐标系等，绘图区域默认是黑色的，便于识别不同颜色的绘图线条。

坐标系表示绘图的方向，默认为世界坐标系，如有必要，用户也可以通过"UCS"命令建立自己的坐标系。

十字光标是 AutoCAD 图形窗口显示的绘图光标，它主要用于绘图时点的定位和对象的选择，所以有两种显示状态。在命令行中输入命令"OPTIONS"，按 Enter 键，打开【选项】对话框，如图 2.8 所示，切换到【显示】选项卡，在【十字光标大小】组合框中可以设置光标大小，在【窗口元素】组合框中可以设置窗口元素。单击 按钮打开【图形窗口颜色】对话框，如图 2.9 所示。选择需要修改的界面元素，在【颜色】下拉列表中选择合适的颜色，设置后单击 按钮，再单击 按钮关闭【选项】对话框，这样绘图区域中各元素的颜色设置就完成了。

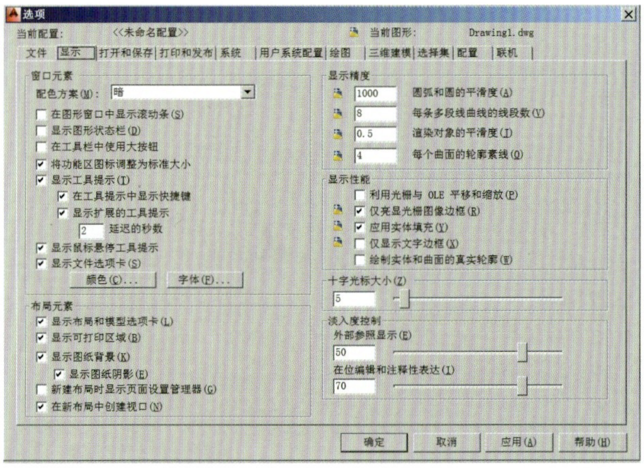

图 2.8　　　　　　　　　　　　　　　图 2.9

2.1.5　命令行窗口

绘图区域的下方是命令行窗口。命令行窗口是用户通过键盘输入命令、数据信息的地方，可以在命令行窗口获得执行命令的相关提示和信息，它是人机对话的主要区域。对于初学者来说一定要养成随时观察命令行的习惯，它是指导用户正确执行命令的有力工具。

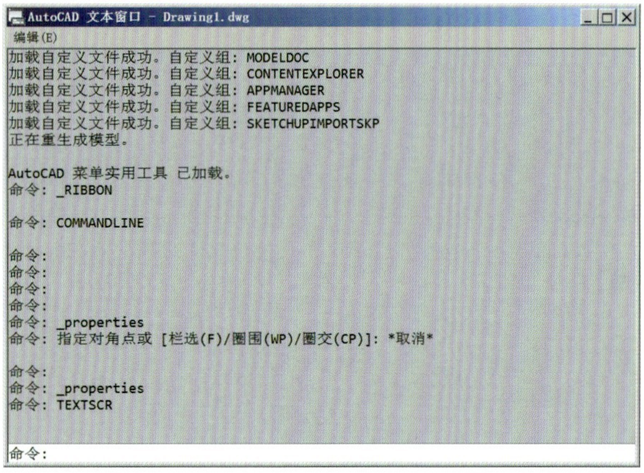

命令行窗口是记录已经执行和正在执行的命令的窗口。打开命令行窗口的方式有3 种：

（1）执行【视图】→【用户界面】→【文本窗口】命令。

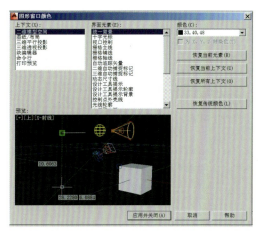

图 2.10

（2）在命令行中输入"textscr"，然后按 Space 键，如图 2.10 所示。

2.1.6　状态栏

状态栏位于 AutoCAD 2014 工作界面的最底部，它显示了用户的工作状态或一些绘图辅助工具的相关信息，如图 2.11 所示。当用户进行操作或出现问题时，查看或设置状态栏可以帮助解决问题，顺利完成操作。

图 2.11

将光标置于绘图区域中时，在状态栏左边的坐标栏将显示光标的坐标值，这有助于光标的定位，坐标由三组数字组成，用逗号隔开，三组数字分别代表坐标系中的 X、Y、Z 值。

状态栏中有 9 个绘图辅助功能按钮，它们指示并控制用户使用辅助工具的工作状态。按钮有两种显示状态，按钮凹下时表示此工具为打开状态，在按钮上单击鼠标右键，选择【设置】选项，可设置其控制参数，辅助工具的内容将在本章 2.5 节中进行详细讲解。

【模型】按钮用于"模型空间"和"图纸空间"的切换。

2.2 AutoCAD 2014 图形文件操作

2.2.1 新建图形文件

AutoCAD 2014 新建图形文件的方法有 4 种：

（1）执行【新建】命令。

（2）单击标准工具栏中的【新建】按钮 。

（3）在命令行中输入"new"，然后按 Space 键。

（4）使用快捷键"Ctrl+N"。

进行上述操作后，系统将弹出图 2.12 所示的【选择样板】对话框。

图 2.12

打开【选择样板】对话框后，在【搜索】下拉列表中选择要打开文件的路径。在【名称】列表框中选择文件的名称，在【预览】区域可以预览所选文件的样式，双击文件名或选中文件再单击 按钮右侧的 都可以创建一个新的图形文件，一般情况下，选择 acad 样式即可。

还可以使用【启动】对话框新建图形文件。在命令行中输入"startup"，如图 2.13 所示。

图 2.13

系统默认输入"1"为"显示【启动】对话框"，输入"0"为"不显示【启动】对话框"。

设置完后执行【新建】命令，打开【创建新图形】对话框，其包含 3 种新建图形文件的方法：【从草图开始】【使用样板】和【使用向导】。

单击【从草图开始】按钮 ，在【默认设置】组合框的右侧会自动打开一张图纸，选择单位后单击 按钮就可以在新图纸上使用选择的单位绘图了，如图 2.14 所示。两种单位的简单说明：①英制（英尺和英寸），在英制单位下，系统默认界限为"12 英寸 ×9 英寸"，默认的样板文件为"Acad.dwt"。②公制，在公制单位下，系统默认界限为"420 毫米 ×297 毫米"，默认的样板文件为"Acadiso.dwt"，如图 2.14 所示。

单击【使用样板】按钮 ，在【选择样板】列表框中选择合适的样板，在列表框右边的【浏览】区域会显示所选样板的预览图形，然后单击 按钮就可以根据样板创建新图形了，如图 2.15 所示。

单击【使用向导】按钮 进入【使用向导】界面，在【选择向导】列表框中有【高级设置】和【快速设置】两个向导可选择，如图 2.16 所示。

选择【高级设置】向导后单击 按钮打开【高级设置】对话框。

（1）设置【单位】，如图 2.17 所示。

（2）单击 按钮对【角度】进行设置，如图 2.18 所示。

（3）单击 按钮对【角度测量】进行设置，如图 2.19 所示。

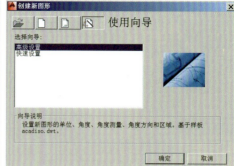

图 2.14　　　　　　　　　　　图 2.15　　　　　　　　　　　图 2.16

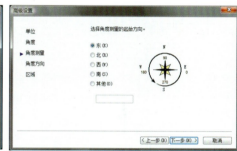

图 2.17　　　　　　　　　　　图 2.18　　　　　　　　　　　图 2.19

（4）单击 下一步(N) 按钮对【角度方向】进行设置，如图 2.20 所示。

（5）单击 下一步(N) 按钮对【区域】进行设置，如图 2.21 所示，然后单击 完成 按钮即可完成设置。

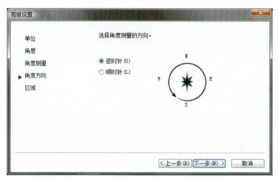
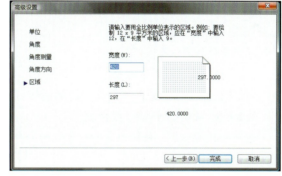

图 2.20　　　　　　　　　　　　　　图 2.21

【快速设置】向导只是对【单位】和【区域】进行设置，其步骤和【高级设置】向导类似。

2.2.2　打开原有图形文件

在 AutoCAD 2014 中打开已有图形文件的方法有 4 种：

（1）执行【打开】命令。

（2）单击标准工具栏中的【打开】按钮 。

（3）在命令行中输入"open"后按 Space 键。

（4）按"Ctrl+O"组合键。

进行上述操作后，系统会打开【选择文件】对话框，如图 2.22 所示。

图 2.22

打开【选择文件】对话框后，在【搜索】下拉列表中选择要打开文件的路径，在【名称】列表框中选择要打开的文件名称，单击 打开(O) 按钮右侧的 ▼ 即可打开已有文件。

2.2.3 保存图形文件

图形绘制完成后需要将其保存到硬盘上，以便以后使用。为了防止一些突发的状况如断电、死机等，用户要养成随时保存图形文件的良好习惯。保存图形文件可以直接执行【保存】命令，也可以执行【另存为】命令。

AutoCAD 2014 保存图形文件的方法有 4 种：

（1）执行【保存】命令。

（2）单击标准工具栏中的【保存】按钮 。

（3）在命令行中输入"qsave"，然后按 Space 键。

（4）按"Ctrl+S"组合键。

进行上述操作后，文件会自动保存在原有的文件名下，如果文件还没有命名，系统会自动打开【图形另存为】对话框，如图 2.23 所示，用户只需要在该对话框内指定文件的保存路径、文件名称和文件类型，然后单击 保存(S) 按钮即可。

为了便于打印和多台电脑之间的文件传输，保存图形文件的文件类型一般选择比较低的版本，例如，选择 AutoCAD 2004/LT 2004 图形（*.dwg）文件保存，使用 AutoCAD 2004 版本以上的软件均可打开此文件。

图 2.23

另存文件的方法有以下 3 种：

（1）执行【另存为】命令。

（2）在命令行中输入"save"，然后按 Space 键。

（3）按"Ctrl+Shift+S"组合键。

进行上述操作后，系统也会打开【图形另存为】对话框，图形文件在执行【另存为】命令后保存为另存为的命名。

2.2.4 关闭图形文件

AutoCAD 2014 提供的关闭图形文件而不关闭 AutoCAD 2014 程序的方法有 4 种：

（1）执行【关闭】命令。

（2）单击图形文件右上角的【关闭】按钮。

（3）在命令行中输入"close"，然后按 Space 键。

（4）按"Ctrl+F4"组合键。

如果要退出 AutoCAD 2014 程序，则程序窗口和所有打开的图形文件都将关闭，可以使用以下几种方法：

（1）执行【文件】→【退出】命令。

（2）单击程序窗口右上角的【关闭】按钮。

（3）在命令行中输入"quit"或"exit"，然后按 Space 键。

（4）按"Ctrl+Q"或"Alt+F4"组合键。

进行上述操作后，系统在关闭文件之前会提示用户对未保存的文件进行保存。

2.3 坐标与坐标系

坐标系是进行精确绘图的一种参照，用户可以根据命令行的提示用光标在绘图区域直接指定点，或者在命令行的后面用键盘输入坐标值。

2.3.1 坐标

坐标有两种表示方法：绝对坐标和相对坐标。

1. 绝对坐标

绝对坐标是以原点（0，0）即 X 轴和 Y 轴的交点为基点输入的，当已知点的精确坐标值时，使用绝对坐标输入是相当简便的。

绝对坐标的输入方法：当命令行提示输入点时，在动态输入启用的情况下使用"#X，Y"的格式在光标右下方的提示中输入坐标，坐标之间用","隔开，如（#100，100）；在动态输入禁用的情况下，使用"X，Y"的格式在命令行提示的后面输入坐标，如（100，100），如图 2.24 所示。

提示：【动态输入】按钮 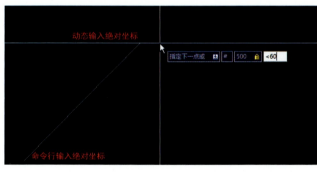 在状态栏中，单击凹下处于动态输入状态，反之则处于未使用状态。

如果知道点与原点的距离和与 X 轴正方向的夹角，则可使用绝对极坐标表示，使用"距离＜角度"的格式。例如（463.3774<44°）表示该点距离原点为 463.377 4，与 X 轴正方向的夹角为 44°，如图 2.25 所示。

图 2.24　　　　　　　　　图 2.25

2. 相对坐标

相对坐标是以上一点为参照点输入的。当知道已知点与参照点的位置关系时，使用相对坐标输入很方便。相对坐标的输入格式是在绝对坐标的前面添加一个"@"符号。例如（@30，50）表示相对上一点的 X 轴为 30 和 Y 轴为 50 的点。另一种方法即移动光标确定方向后直接输入距离，如（@50<30°）表示相对上一点距离为 50 且新点与上一点连线与 X 轴的夹角为 30° 的点。

2.3.2 坐标系

为了使用坐标输入、栅格、正交等模式和其他一些图形工具，用户可以使坐标系重新定位和旋转。

坐标系有两种：一种是世界坐标系 WCS（World Coordinate System）；一种是用户坐标系 UCS（User Coordinate System），在新图形中这两个坐标系默认是重合的。

1. 世界坐标系

在二维视图中，WCS 的原点是 X 轴和 Y 轴的交点（0，0），X 轴是水平的，Y 轴是垂直的。世界坐标系是 AutoCAD 的默认坐标系，并定义图形文件中的所有对象。其正方向与手工绘图规定的正方向相同，即向右为 X 轴正方向，向上为 Y 轴正方向，向外为 Z 轴正方向。由于世界坐标系中的原点与坐标轴方向固定，因此使用得较少。

2. 用户坐标系

用户坐标系是用户为了绘图方便自己创建的坐标系。实际上，当前的用户坐标系是坐标输入以及其他许多操作的参照，例如坐标输入、参照角、标注方向（文字方向）和使用查看命令等都是相对于用户坐标系来操作的。

定位用户坐标系的方法有重新指定新原点、将当前用户坐标系绕坐标轴旋转和恢复上一个坐标系等。

在用户坐标系中每一种方法都有相对应的选项，用户可以为刚定义的坐标系命名并进行恢复和删除操作。

2.4 AutoCAD 2014 命令的使用

使用命令行

对 AutoCAD 2014 的操作主要通过执行一系列的命令来完成。在使用命令时由于各方面的原因会出现一些差错，因此用户应该在学习具体的命令之前先学会使用命令的一些基本操作，例如选择对象、退出不合适命令、输入与执行命令等。

2.4.1 选择对象

选定图形是编辑该图形的前提，如果没有选择好对象，编辑命令就不会起作用。在编辑命令时，命令行中会出现"选择对象"的命令提示，这一步做不好其他的命令就无法继续执行。

选择对象的主要工具是鼠标，选择的方法主要有 4 种：

（1）在绘图区域单击，命令行提示【指定对角点】，可以通过输入坐标的方式指定，也可以通过移动光标，在合适的地方指定对角点。

如果对角点是从左向右指定的，选中的对象全部位于选择区域内，鼠标拖动形成的线框为实线，被线框全部框选的对象呈虚线显示，如图 2.26 所示。

（2）如果对角点是从右向左指定的，鼠标拖动形成的线框为虚线，选中的对象不仅包括全部位于选定区域内的图形，还包括被选中部分图形的全部图形，如图 2.27 所示。

 →   →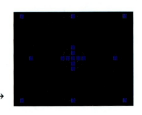

图 2.26　　　　　　　　　　　　　　图 2.27

（3）利用鼠标逐个选取要选择的对象，选中的对象呈虚线显示，光标放在某一个待选图形的位置上时，该图形会亮显。例如，在【缩放】命令下，命令行提示【选择对象】，被选中的两个圆为虚线显示，光标指向的圆亮显，如图 2.28 所示。

（4）利用"wp"或"cp"命令不规则地选取图形。例如，在【缩放】命令下，在命令行提示【选择对象】后输入"wp"，当命令行显示"第一圈围点"时用户就可以单击确定一个不规则多边形，把要选择的对象围圈起来，然后按 Space 键或单击鼠标右键确定，最终效果与从左到右选择类似，如图 2.29 所示。

若在【缩放】命令下，在命令行【选择对象】提示后输入"cp"，当命令行显示"第一圈围点"时用户就可以单击确定一个不规则多边形，把要选择的对象围圈起来，然后按 Space 键或单击鼠标右键确定，最终效果与从右到左选择类似，如图 2.30 所示。

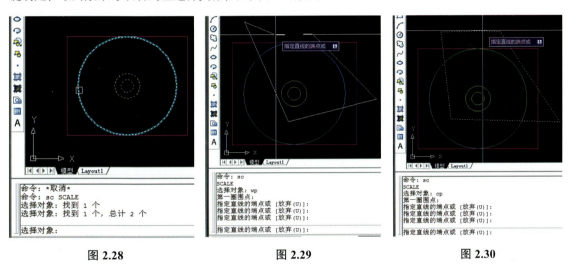

图 2.28　　　　　　　　图 2.29　　　　　　　　图 2.30

对象的选择还可以通过构建选择集来实现。选择集是被选择对象的集合，至少包含一个对象。在编辑命令下，每一次被选中后呈虚线显示的所有图形都会加入选择集。

若在命令行【选择对象】提示后输入"？"，命令行显示如图 2.31 所示。

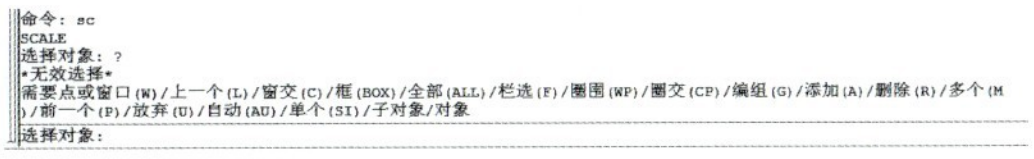

图 2.31

部分选项的含义如下：

【上一个（L）】：表示选择在同一个图层上最后一次创建的对象。

【框（BOX）】：表示选择完全位于矩形内部或者与矩形相交的所有对象。

【全部（ALL）】：表示选择没有解冻的图层上的所有对象。

【栏选（F）】：表示选择所有的与所画栏选线相交的点所在的图形。

【编组（G）】：表示选择某一个编组中的所有对象。

【添加（A）】：表示在"添加"模式中，可以将用任意方法选定的对象添加到选择集。

【删除（R）】：表示在"删除"模式中，可以将用任意方法选定的对象从选择集中删除。

【自动（AU）】：表示切换到自动选择，自动选择光标指向的对象。

【单个（SI）】：表示单选模式，只选择一次就不再提示进一步的选择。

2.4.2　输入与执行命令

利用 AutoCAD 绘图时必须输入命令和参数，常用的输入设备是鼠标和键盘。

1. 鼠标

鼠标是用来执行命令、选择对象等的工具，在绘图区域以十字光标的形态显示。鼠标左键有指定位置、指定对象和执行命令等作用；鼠标右键可以显示快捷菜单、结束正在执行的命令等；滚轮可以转动和按下，转动可以缩放视图，按下并拖动可以平移视图。一般情况下滚轮向上滑动，视图放大；滚轮向下滑动，视图缩小。

用鼠标绘制矩形的具体步骤如下：

（1）单击【绘图】工具栏中的【矩形】按钮，命令行提示如图 2.32 所示。

（2）用光标在绘图区域指定第一个角点，此时命令行提示如图 2.33 所示。

```
命令: _rectang
指定第一个角点或 [倒角(C)/标高(E)/圆角(F)/厚度(T)/宽度(W)]:
```

图 2.32

```
指定另一个角点或 [面积(A)/尺寸(D)/旋转(R)]:
```

图 2.33

移动光标在绘图区域适当的位置处单击，指定矩形的另一个角点，同时矩形的绘制结束。

2. 键盘

键盘可以用来输入大部分的命令和参数，也可以执行各键所代表的命令。例如使用键盘可以输入点的坐标、数值等。按 F1 键会弹出帮助信息。

用键盘绘制一个矩形的具体步骤如下：

（1）用键盘在命令行中输入“rec”的命令，然后按 Space 键，命令行提示如图 2.34 所示。

（2）用键盘输入第一个角点“@300，500”然后按 Space 键，命令行提示如图 2.35 所示。

```
命令: rec
RECTANG
指定第一个角点或 [倒角(C)/标高(E)/圆角(F)/厚度(T)/宽度(W)]: @300,500
```

图 2.34

```
指定另一个角点或 [面积(A)/尺寸(D)/旋转(R)]: @500,300
```

图 2.35

（3）用键盘输入第二个角点“@500，300”，然后按 Space 键完成矩形的绘制。

在很多时候鼠标和键盘是结合在一起使用的，用户需要在以后绘图的过程中仔细体会，以便使整个绘图过程更加流畅。

2.4.3 重复执行命令

在绘制图形的时候同一个命令往往会不间断地重复执行很多次，为了简化操作，AutoCAD 2014 提供了重复执行命令的功能。比较常用的重复执行命令的方法有以下 3 种：

（1）单击鼠标右键，表示确认，再单击一次，就进入重复最近一次命令的状态。

（2）按 Space 键或 Enter 键重复最近一次命令。

（3）在命令行中输入“multiple”，然后按 Space 键，命令行的显示如图 2.36 所示。

```
命令: multiple
输入要重复的命令名:
```

图 2.36

输入想要重复执行的命令，系统就会进入命令的执行状态。

2.4.4 取消与退出命令

1. 命令的取消

若在执行命令的时候发现由于人为原因出现了错误或不需要执行这个命令，就需要取消该命令的执行。AutoCAD 提供了在命令执行的任何时候都可以取消该命令的功能，返回没有命令的状态，这样就可以输入新的命令了。

取消一个正在执行的命令最快捷有效的方法是按键盘左上角的 Esc 键。

2. 命令的退出

使用完一个命令后要使用另外一个命令时要先退出这个命令。退出命令的方法有以下两种：

（1）单击鼠标右键表示确认。

（2）完成一个命令后按 Space 键确认或按 Esc 键取消进一步执行命令。

2.5　绘图的辅助功能

AutoCAD 2014 的辅助功能主要是指在状态栏中显示的一些按钮的功能，包括【捕捉】【正交】【栅格】和【动态输入】等按钮，使用这些辅助功能可以更高效准确地绘图。

2.5.1　捕捉与栅格

栅格是等距的、均匀地分布在图形界限之内的一系列有规则的虚拟点，是一种位置参考图标，有定位功能。

捕捉可以限定光标的位置，精确地捕捉到栅格上的点。捕捉与栅格配合使用可以提高绘图的精确度。捕捉与栅格在【草图设置】对话框中设置。

调出【草图设置】对话框的方法有以下 3 种：

（1）在 捕捉 或者 栅格 按钮上单击鼠标右键，然后在弹出的快捷菜单中选择【设置】命令。

（2）在命令行中输入"os"，然后按 Space 键。进行上述操作后，系统将打开【草图设置】对话框，切换到【捕捉和栅格】选项卡中，然后对其参数进行设置即可，如图 2.37 所示。

将捕捉的 X 和 Y 轴的间距与栅格的 X 和 Y 轴的间距设置为相同的数据，可以保证捕捉的点就是栅格上的点。

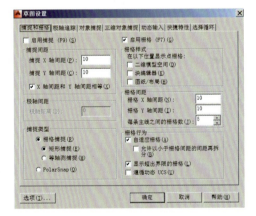

图 2.37

打开【捕捉】或【栅格】功能的方法有以下 4 种：

（1）单击状态栏中的 捕捉 或者 栅格 按钮。

（2）在【草图设置】对话框中选中【启用捕捉】或者【启用栅格】复选框。

（3）按 F9 键，可打开或关闭【捕捉】功能，按 F7 键可打开或关闭【栅格】功能。

（4）在命令行中输入"snap"，然后按 Space 键可以打开【捕捉】功能；在命令行中输入"grid"，然后按 Space 键可以打开【栅格】功能。

2.5.2　正交

【正交】功能在绘图过程中非常重要，并经常使用。

使用【正交】功能可以使绘制的直线自动地水平或垂直显示，不仅可以精确地绘制水平或垂直线，还可以建立垂直或水平对齐方式。

打开【正交】功能的方法有以下 3 种：

(1) 单击状态栏中的 正交 按钮。

(2) 按 F8 键，可以打开或关闭【正交】功能。

(3) 在命令行中输入"ortho"，然后按 Space 键。

2.5.3 对象捕捉和追踪

1. 对象捕捉

使用【对象捕捉】功能可以快速地将光标精确地定位在一些特殊点（端点、中点、圆心、垂足点、交点）上，以提高绘图的精确度和速度。

启用【对象捕捉】功能有以下 3 种方法：

(1) 单击状态栏中的 对象捕捉 按钮。

(2) 按 F3 键，可以打开或关闭【对象捕捉】功能。

(3) 在命令行中输入"osnap"，然后按 Space 键。

对象捕捉的设置是在【草图设置】对话框中的【对象捕捉】选项卡中进行的，如图 2.38 所示。

在【对象捕捉】选项卡中用户可以选择需要的捕捉点，也可以全部选择。【对象捕捉模式】区域中选项的说明如下：

【端点】：捕捉直线、圆弧或多段线的离拾取点最近的端点。

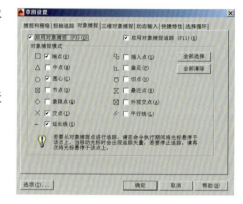

图 2.38

【中点】：捕捉直线、多段线或圆弧的中点。

【圆心】：捕捉圆弧、圆或椭圆的中心。

【节点】：捕捉点对象，包括尺寸的定义点。

【象限点】：捕捉直线、圆或椭圆上 0°、90°、180° 或 270° 处的点。

【交点】：捕捉直线、圆弧或圆、多段线和另一直线、多段线、圆弧或圆任何组合的最近交点。

【延伸】：当光标经过对象的端点时，显示临时延长线或圆弧，以使用户在延长线或圆弧上指定点。

【插入点】：捕捉插入文件中的文本、属性和符号（块或形式的原点）。

【垂足】：捕捉直线、圆弧、圆、椭圆或多段线上的一点对于用户拾取的对象相切的点。该点与上一点到用户拾取的对象形成正交（垂直的）线，结果点不一定在对象上。

【切点】：捕捉同圆、椭圆或圆弧相切的点，该点与上一点到拾取的圆、椭圆或圆弧形成一切线。

【最近点】：捕捉对象上最近的点，一般是端点、垂点或交点。

【外观交点】：该选项与【交点】相同，只是它还可捕捉三维空间中两个对象的视图交点（这两个对象实际上不一定相交，但视觉上相交），在二维空间中，【外观交点】和【交点】模式是等效的（注意：该捕捉模式不能和【交点】捕捉模式同时有效）。

【平行线】：捕捉与某条线平行的线上的一点，被参考对象上将显示平行标记"//"。

(1) 利用【对象捕捉】工具条进行捕捉。在绘图状态下，单击【对象捕捉】工具条上的按钮就可以捕捉需要的点，如图 2.39 所示。为了更精确

图 2.39

地使用 AutoCAD 2014 绘图，在对象捕捉类型的选择上不要过多。如果全部选择，会造成绘图过程中捕捉目标过多，影响绘图的准确性。

(2) 利用【点过滤器】捕捉。首先要设置鼠标右键单击命令。在命令行中输入"options"命令，

按 Enter 键，打开【选项】对话框，切换到【用户系统配置】选项卡，如图 2.40 所示。

在【Windows 标准操作】组合框中单击 自定义右键单击(I)... 按钮打开【自定义右键单击】对话框，在【命令模式】组合框中选中【快捷菜单：命令选项存在时可用】单选按钮，然后单击 应用并关闭 按钮完成设置，如图 2.41 所示。

在绘图命令下（例如绘制直线）确定第一个点后，在指定第二点前单击鼠标右键，执行【捕捉替代】→【点过滤器】→【y.Y】命令，利用【点过滤器】捕捉，捕捉的点是由一个点的 X 坐标和另一个点的 Y 坐标确定的。

例如在如下命令中捕捉到的新点是（270，400），即需要指定的下一点，如图 2.42 所示。

图 2.40

图 2.41

图 2.42

下面通过绘制一个图形来提高对【对象捕捉】功能的认识。

（1）绘制一个矩形，如图 2.43 所示。

（2）单击 对象捕捉 按钮启动【对象捕捉】模式。单击【绘图】工具栏中的【直线】按钮，将光标移动到右上角，光标右下方会出现"端点"提示，同时连接对角线，如图 2.44 所示。

（3）单击【绘图】工具栏中的【圆】按钮，将光标移动到两条对角线的交点处会出现"交点"提示，同时在矩形内部绘制一个圆，如图 2.45 所示。

图 2.43

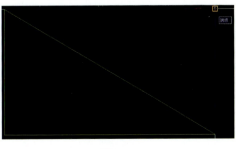
图 2.44

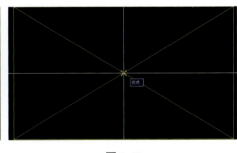
图 2.45

（4）单击【绘图】工具栏中的【圆弧】按钮，移动光标到矩形右边线的中点处会自动出现"中点"提示，如图 2.46 所示。

（5）单击绘制圆弧，当光标移动到圆上适当的位置时会自动出现"切点"提示，然后单击表示所画圆弧与圆相切，将终点定位在矩形的下边线垂足上，如图 2.47 所示。

（6）再绘制 3 个相同的圆弧，将圆弧的终点定位在矩形各边线的垂足上，最终结果如图 2.48 所示。

2. 对象追踪

对象追踪包括极轴追踪和对象捕捉追踪两种。启用该功能后，在执行绘图命令时会在绘图区域显示一条临时辅助线帮助用户绘制图形。

图 2.46

图 2.47

图 2.48

（1）极轴追踪。使用极轴追踪可以在执行绘图命令或修改命令时按指定的极轴角度和极轴距离取点，并且显示追踪路径。

用鼠标右键单击状态栏中的 极轴 按钮，在弹出的快捷菜单中执行【设置】命令，打开【草图设置】对话框，然后切换到【极轴追踪】选项卡中进行设置，如图 2.49 所示。

在【极轴角设置】组合框中包含【增量角】和【附加角】两个设置对象。【增量角】用来显示极轴追踪对齐路径的极轴角增量，角度自定；【附加角】用来设置附加角度，该附加角度是绝对的。

在【对象捕捉追踪设置】组合框中包含【仅正交追踪】和【用所有极轴角设置追踪】两个单选项。【仅正交追踪】用来对沿对象捕捉点的正交追踪路径进行追踪；【用所有极轴角设置追踪】用来对沿对象捕捉点的任何极轴角追踪路径进行追踪。

图 2.49

在【极轴角测量】组合框中包含【绝对】和【相对上一段】两个单选项。【绝对】是基于 X 轴正方向，【相对上一段】是基于所绘制的上一条线段。例如设置增量角为 60°，绘图时当光标在 60° 附近时系统会自动显示一条辅助线和提示，如图 2.50 所示。

图 2.50

（2）对象捕捉追踪。使用对象捕捉追踪可以产生基于对象捕捉点的辅助线，沿着对象捕捉点的追踪路径进行追踪。使用时系统会自动对对象捕捉中的特殊点进行追踪。

2.5.4 动态输入

使用【动态输入】功能可以直接动态地在绘图区域输入将绘制图形的各种参数。启用【动态输入】功能的方法有以下 3 种：

（1）执行【工具】→【草图设置】命令。

（2）在命令行中输入"dsettings"，然后按 Space 键。

（3）在状态栏辅助功能任意按钮上单击鼠标右键，在弹出的快捷菜单中执行【设置】命令。

进行上述操作后，系统将自动打开【草图设置】对话框，切换到【动态输入】选项卡，如图 2.51 所示。

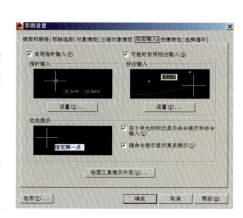
图 2.51

选中【启用指针输入】复选框。这样执行命令时，在绘图区域移动光标，光标附近将显示坐标值。单击【指针输入】区域下方的 设置(S) 按钮，弹出【指针输入设置】对话框，从中可以修改坐标的默认格式，如图 2.52 所示。

选中【可能时启用标注输入】复选框打开标注输入功能。这样执行命令时，在绘图区域绘制第二点，光标附近将显示距离和角度值。单击【标注输入】区域下的 设置(S) 按钮，弹出【标注输入的设置】对话框，从中可以对标注进行设置，如图 2.53 所示。

启用标注设置前、后不同的显示如图 2.54 所示。

 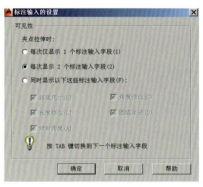 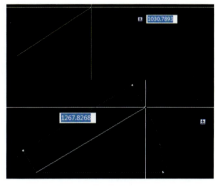

图 2.52　　　　　　　　图 2.53　　　　　　　　图 2.54

2.5.5　放弃与重做

1. 放弃

在画图的过程中可能会出现一些错误，那么就需要放弃一些绘制的图形，还原为原有的图形。要想多次还原被删除的对象，最好的办法就是使用【放弃】命令。

调用【放弃】命令的方法有以下 4 种：

（1）执行【编辑】→【放弃】命令。

（2）单击标准工具栏中的【放弃】按钮 。

（3）在命令行中输入"undo"然后按 Space 键。

（4）按"Ctrl+Z"组合键。

进行上述操作后，系统就会放弃上一次执行过的命令，如图 2.55 所示。单击按钮 将放弃最近一次绘制的直线，再次单击按钮 将放弃三角形。

图 2.55

由于 AutoCAD 2014 会暂时保存执行过的操作，所以在原则上【放弃】命令可以无限次地执行，但要求机器的内存足够大，而且在进行操作后发现结果有错误时要立即执行，以免耽误绘图的速度和效率。

2. 重做

【重做】与【放弃】命令往往成对出现，虽然它们的作用相反，但用法类似。

调用【重做】命令的方法有以下 4 种：

（1）执行【编辑】→【重做】命令。

（2）单击标准工具栏中的【重做】按钮 。

（3）在命令行中输入"mredo"然后按 Space 键。

（4）按"Ctrl+Y"组合键。

进行上述操作后，系统就会重做上一次放弃的操作。该命令也可以无限次地执行，也应在发现放弃了不该放弃的对象后立即执行。

此外【放弃】与【重做】按钮都带有下三角按钮，可以单击该下三角按钮，从下拉列表中选择一次放弃或重做多个操作。

辅助功能是快速、精确绘图的基础，要正确、熟练地使用这些功能以提高绘图的质量。

2.6 设置绘图环境

绘图环境主要是在【选项】对话框中设置的。设置好绘图环境后，用户可以在自己习惯的绘图环境中绘制出符合需要的图形。

2.6.1 设置绘图参数

绘图参数可以在【选项】对话框中设置，可以根据自己的习惯设置。

打开【选项】对话框的方法：在命令行中输入"options"，然后按 Space 键。

进行上述操作后，系统将打开【选项】对话框，如图 2.56 所示。该对话框共有 10 个选项卡，分别是【文件】【显示】【打开和保存】【打印和发布】【系统】【用户系统配置】【草图】【三维建模】【选择集】【配置】。用户可根据自己的习惯进行设置。

例如要对光标大小进行设置，可以切换到【显示】选项卡中在 处设置其大小，如图 2.57 所示。

图 2.56

图 2.57

2.6.2 设置图形界限

设置图形界限相当于手工绘图时选择图纸图幅大小，只不过纸张有大小的限制，而实际工程中的图形界限可以按实际形体尺寸来设定。

通常，图形界限是通过屏幕绘图区域左下角和右上角的坐标来定义的。执行"LIMITS"命令有两种方法：

（1）执行【格式】→【图形界限】命令。

（2）在命令行中输入"LIMITS"，然后按 Space 键。

执行上述操作后，系统提示如图 2.58 所示。

```
命令: LIMITS
重新设置模型空间界限:
指定左下角点或 [开(ON)/关(OFF)] <0.0000,0.0000>:
指定右上角点 <12.0000,9.0000>: 420,297
```

图 2.58

各选项的意义如下：

开：打开图形界限检查。处于该状态时，AutoCAD 2014 将拒绝输入任何位于图形界限外部的点。

关：关闭图形界限检查，但保留边界值，以备将来进行边界检查。这时允许在界限之外绘图，这是默认设置。

指定左下角点：给出界限左下角坐标值，默认为（0.0000，0.0000）。

指定右上角点：输入图形界限的右上角的绝对坐标值即可决定当前图幅的大小。

提示：执行“LIMITS”命令后，绘图区域并不会立即改变，必须在执行【视图】→【缩放】→【全部】命令后，才可以起到显示全图的效果。有时不能将图形全部显示出来，就是“LIMITS”命令范围设置过小的原因。

2.6.3　设置绘图单位

由于设计单位、项目的不同，同时又有不同的度量系统，如英制、米制、工程单位制和建筑单位制等，因此在工作区的建立中，要选择自己需要的单位制。执行绘图单位的设置方法：在命令行中输入“units”，然后按 Space 键。

执行上述操作后，屏幕上会出现图 2.59 所示的【图形单位】对话框。

图 2.59

通过【图形单位】对话框可以进行如下设置。

1.　【长度】组框

【类型】下拉列表框用于设置长度测量单位的类型和测量的精度，默认方式下使用小数。

【精度】下拉列表框用于设置当前单位类型的测量精度，根据实际绘图的需要来选。当选择“0”时，精确到整数位。

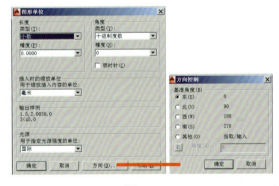

2.　【角度】组框

【类型】下拉列表框用于设置角度测量单位的类型，共提供了【百分度】【度 / 分 / 秒】【弧度】【勘测单位】【十进制度数】5 个选项。其中，【十进制度数】为默认方式。

【精度】下拉列表框用于设置当前角度单位类型的测量精度。

【顺时针】复选框用来设置角度的测量方向。在默认状态下，该选项是未被选中的，即在角度测量时逆时针方向为正。如果选择了该选项，则在角度测量时 AutoCAD 2014 将以顺时针方向为正。

3.　【插入时的缩放单位】组框

【插入时的缩放单位】组框用于设置缩放、拖放内容的单位，即控制使用工具选项板（例如 Design Center 或 i-drop）拖入当前图形的块的测量单位。如果块或图形创建时使用的单位与该选项指定的单位不同，则在插入这些块或图形时，将对其按比例缩放。插入比例是源块或图形使用的单位与目标图形使用的单位之比。如果插入块时不按指定单位缩放，则选择【无单位】选项。

4.　【光源】组框

【光源】组框用于指定光源的强度单位，包括【国际】【美国】和【常规】3 种类型。

5.　【方向】按钮

单击【方向】按钮，打开【方向控制】对话框，用于设置基准角度的方向，即零度角方向。在 AutoCAD 2014 中，零度角方向相对于用户坐标系的方向，它影响整个角度测量，如角度的显示格式、对象的旋转角度等。在默认情况下，0°方向为东，即水平指向图形右侧（X 轴正方向），并且按逆时针方向测量角度。可以选择其他方向，如【北】【西】或【南】等。

选中【其他】单选项，可以在文本框中输入角度的方向与 X 轴沿逆时针方向的夹角。

单击【角度】按钮，拾取角度作为基准角度。该设置保存在 ANGBASE 系统变量。

6．【输出样例】组框

【输出样例】组框提供当前图形单位设置的样例预览，反馈当前设置的显示方式，辅助用户作出正确的设置。

2.6.4 设置线型、线宽和线条颜色

在绘图以前要先设置线型、线宽和线条颜色，这样使绘制的图形层次丰富，图形更清晰、更有条理。

1．设置线型

线型是在绘图时绘制在图层上的线的类型。AutoCAD 2014 的默认线型是实线，当需要使用其他类型的线时就要对线型进行设置。

设置线型的方法：在命令行中输入"linetype"，然后按 Space 键。

进行上述操作后，系统将打开【线型管理器】对话框，从中可以设置并加载线型，如图 2.60 所示。

如果在【线型管理器】对话框中找不到所需线型，单击 加载(L)... 按钮打开图 2.61 所示对话框，查找所需的线型。

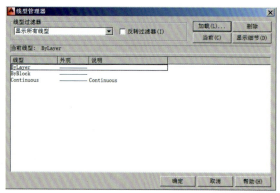

图 2.60

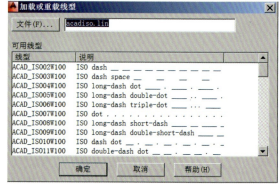

图 2.61

在【可用线型】列表框中找到所需线型后，所选择的线型呈蓝色状态显示，单击 确定 按钮，将所选线型添加到【线型管理器】对话框的【线型】列表中，然后选中添加的线型单击 确定 按钮即可。如果加载的线型显示不出效果，就要更改【全局比例因子】的大小。

2．设置线宽

线宽是绘图时显示的线的宽度。设置线宽的方法：在命令行中输入"lweight"，然后按 Space 键。

进行上述操作后，系统将打开【线宽设置】对话框，系统默认的线宽是 0.25 毫米，可根据需要在【线宽】列表中进行选择，如图 2.62 所示。

在【线宽】列表中选择线宽，在【列出单位】组合框中选中【毫米】单选按钮，并选中【显示线宽】复选框，然后单击 确定 按钮即可。如果想在绘图区域显示线宽，单击状态栏中的【线宽】按钮即可。

3．设置线条颜色

设置线条颜色的方法：在命令行中输入"colour"，然后按 Space 键。

执行上述操作后，系统将打开【选择颜色】对话框，该对话框含有【索引颜色】【真彩色】和【配色系统】3 个选项卡，可以在任何一个选项卡中设置线条的颜色，如图 2.63 所示。

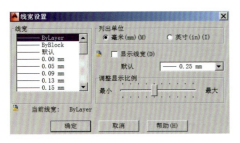

图 2.62

图 2.63

本章小结

通过本章内容的学习，用户能够熟悉 AutoCAD 2014 的基本工作界面、设置绘图环境，掌握 AutoCAD 2014 的图形文件操作命令。学习对象捕捉命令和线型管理命令能够使用户掌握更准确的绘图技巧。

思考与实训

1. 简述 AutoCAD 2014 工作界面的组成。
2. 独立建立一个完整的绘图环境，保存一个".dwg"格式文件，设置实线和虚线两种线型。

CHAPTER THREE

第 3 章　二维图形的基本绘制

知识目标

通过本章内容的学习，掌握二维图形绘制的基本命令，包括点、线、面域的绘制以及填充命令的使用。二维图形绘制命令是 AutoCAD 2014 最主要的绘图命令，也是学习编辑命令的基础，是学习 AutoCAD 2014 的重要内容。

能力目标

1. 能够综合性地运用所学的命令进行绘图，并通过填充命令对特定的区域进行填充；
2. 灵活运用绘图命令，能够通过多种绘图形式进行绘图。

3.1　点、直线、射线与构造线

点、直线、射线和构造线是最简单的绘图命令，也是使用较多的线性绘图命令。

3.1.1　绘制点

在 AutoCAD 2014 中，点分为单点和多点。绘制点前首先要设置点的样式。执行【默认】→【实用工具】→【点样式】命令，弹出图 3.1 所示对话框。左上角图样为默认样式，设置好自己需要的样式和大小即可用此样式绘制点图形。

1. 绘制多点

可以在绘图窗口中一次指定多个点，直到按 Esc 键结束。调用命令的方法有以下两种：

（1）执行【绘图】→【点】→【多点】命令。

（2）在命令行中输入"multiple"，然后按 Space 键。

进行上述操作后，用户就可以根据命令行的提示在绘图区域进行多点的绘制。

2. 绘制等分点

绘制等分点是等距离地在某一直线或周长方向绘制点。调用【定数等分】命令的方法有以下两种：（1）执行【绘图】→【点】→【定数等分】命令，如图3.2所示。

（2）在命令行中输入"divide"（或"div"），然后按Space键。命令行提示如下：

命令：div

DIVIDE

选择要定数等分的对象：【选中直线】

输入线段数目或［块（B）］：3【按Space键】

效果如图3.3所示。

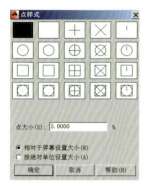

图3.1

图3.2

图3.3

3. 定距等分对象

定距等分对象可以在指定的对象上按指定的长度绘制点或者插入块。调用【定距等分】命令的方法有以下两种：

（1）执行【绘图】→【点】→【定距等分】命令，如图3.4所示。

（2）在命令行中输入"measure"（或"me"），然后按Space键。命令行提示如下：

命令：me

MEASURE

选择要定距等分的对象：【选中直线】

指定线段长度或［块（B）］：100【按Space键】

效果如图3.5所示。

图3.4

图3.5

提示：在装饰图顶棚灯的设计布置中，经常应用定数等分对象和定距等分对象来布置灯具。

3.1.2 绘制直线

直线在AutoCAD中的应用相当广泛，在【直线】绘图命令下，只要确定了直线的起点和端点就可以确定一条直线。

执行【直线】命令的方法有以下3种：

（1）执行【绘图】→【直线】命令。

（2）单击绘图工具栏中的【直线】按钮 ╱。

（3）在命令行中输入"line"（或"l"），然后按Space键。

进行上述操作后就可以根据命令行的提示在绘图区域进行直线的绘制。可以使用定点设备指定点的位置或者在命令行中输入坐标值来绘制直线对象。

提示：line是一条连续执行的命令，画线结束以后，要按Space键或Enter键才能结束画线命令。

直线的绘制

直线绘制示例如图 3.6 所示。

命令行提示如下：

命令：l

LINE 指定第一点：【单击绘图区域任意一点】

指定下一点或［放弃（U）］：1000【按 Space 键】

指定下一点或［放弃（U）］：1000【按 Space 键】

指定下一点或［闭合（C）/放弃（U）］：300【按 Space 键】

指定下一点或［闭合（C）/放弃（U）］：500【按 Space 键】

指定下一点或［闭合（C）/放弃（U）］：<极轴开>

正在恢复执行 LINE 命令

指定下一点或［闭合（C）/放弃（U）］：800【按 Space 键】

指定下一点或［闭合（C）/放弃（U）］：c【按 Space 键】

图 3.6

3.1.3 绘制射线

射线在 AutoCAD 中也有很重要的应用。调用【射线】命令的方法有以下两种：

（1）执行【绘图】→【射线】命令。

（2）在命令行中输入"ray"，然后按 Space 键。

进行上述操作后就可以根据命令行的提示在绘图区域进行射线的绘制。

例如，绘制图 3.7 所示的射线，光标所在的未确定另外一点的射线呈虚线表示。

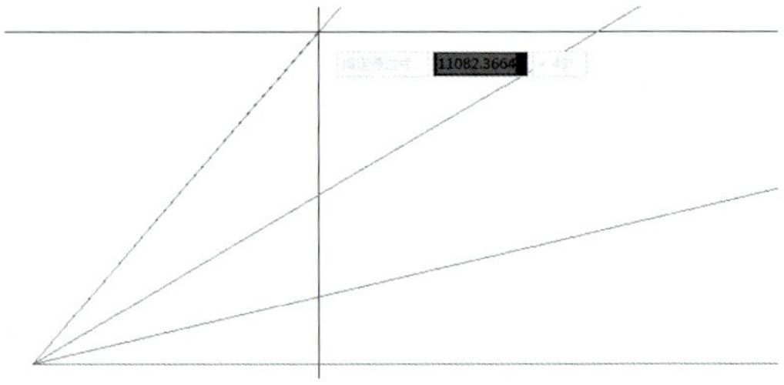

命令行提示如下：

命令：ray

指定起点：【单击绘图区域任意一点】

指定通过点：600【按 Space 键】

指定通过点：300【按 Space 键】

指定通过点：【按 Space 键】

图 3.7

在最近一次指定通过点的时候单击鼠标右键或按 Space 键就可以完成射线的绘制。

3.1.4 绘制构造线

构造线又叫参照线，是一条无限延伸的没有起点和终点的直线。

执行【构造线】的命令有以下 3 种方法：

（1）执行【绘图】→【构造线】命令。

（2）单击绘图工具栏中的【构造线】按钮。

（3）在命令行中输入"xline"（或"xl"），然后按 Space 键。

进行上述操作后就可以根据命令行的提示在绘图区域进行构造线的绘制。

绘制构造线的命令行提示如下：

命令：xl

XLINE 指定点或［水平（H）/垂直（V）/角度（A）/二等分（B）/偏移（O）］：

执行构造线命令后，有 6 种可供选择的绘制方法。

指定点：该选项是先指定一个定点，再指定构造线的通过点绘制构造线。

H：该选项可以绘制一条或一组通过指定点并平行于 X 轴的构造线。

V：该选项可以绘制一条或一组通过指定点并平行于 Y 轴的构造线。

A：该选项可以绘制一条或一组指定角度的构造线。

O：该选项可以绘制与所选直线平行的构造线。

提示：构造线一般用作绘图过程中的定位轴线或其他辅助线。利用前面所学知识绘图，绘制图 3.8 所示图形。

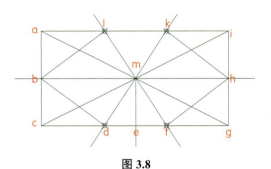

图 3.8

绘制的具体步骤如下：

（1）执行【直线】命令绘制 acgi 矩形（要打开正交命令）和 ag、ci 对角线。命令行提示如下：

命令：l

LINE 指定第一点：【单击绘图区域任意一点】

指定下一点或［放弃（U）］：＜正交开＞1000【按 Space 键】

指定下一点或［放弃（U）］：2000【按 Space 键】

指定下一点或［闭合（C）/放弃（U）］：1000【按 Space 键】

指定下一点或［闭合（C）/放弃（U）］：c【按 Space 键】

命令：LINE

指定第一点：【a 点】

指定下一点或［放弃（U）］：【g 点】

指定下一点或［放弃（U）］：【按 Space 键】

命令：LINE

指定第一点：【c 点】

指定下一点或［放弃（U）］：【i 点】

指定下一点或［放弃（U）］：【按 Space 键】

（2）执行【定数等分】命令时命令行提示如下：

命令：div

DIVIDE

选择要定数等分的对象：【边 ai】

输入线段数目或［块（B）］：3

命令：DIVIDE

选择要定数等分的对象：【边 cg】

输入线段数目或［块（B）］：3【按 Space 键】

命令：l

LINE 指定第一点：【i 点】

指定下一点或［放弃（U）］：【b 点】

指定下一点或［放弃（U）］：【d 点】

指定下一点或［闭合（C）/放弃（U）］：【按 Space 键】

命令：LINE 指定第一点：【f 点】

指定下一点或［放弃（U）］：【h 点】

指定下一点或［放弃（U）］：【k 点】

指定下一点或［闭合（C）/放弃（U）］：【按 Space 键】

（3）执行【射线】命令，命令行提示如下：

命令：ray

指定起点：【m 点】

指定通过点：【h 点】

指定通过点：【按 Space 键】

命令：ray

指定起点：【m 点】

指定通过点：【b 点】

指定通过点：【按 Space 键】

命令：ray

指定起点：【m 点】

指定通过点：【e 点】

指定通过点：【按 Space 键】

（4）执行【构造线】命令绘制两条蓝色构造线。命令行提示如下：

命令：xl

XLINE 指定点或 [水平（H）/垂直（V）/角度（A）/二等分（B）/偏移（O）]：【d 点】

指定通过点：【k 点】

指定通过点：【按 Space 键】

命令：XLINE 指定点或 [水平（H）/垂直（V）/角度（A）/二等分（B）/偏移（O）]：【l 点】

指定通过点：【f 点】

指定通过点：【按 Space 键】

整个图形绘制结束，保存到指定位置即可。

3.2 矩形与正多边形

3.2.1 绘制矩形

矩形是一个封闭的图形，要通过指定对角点来确定。矩形的各个边不能独立编辑。

执行【矩形】命令的方法有以下 3 种：

（1）执行【绘图】→【矩形】命令。

（2）单击绘图工具栏中的【矩形】按钮。

（3）在命令行中输入"rectang"，然后按 Space 键。

进行上述操作后就可以根据命令行的提示在绘图区域进行矩形的绘制。

（1）绘制 1 500×1 000 的矩形。命令行提示如图 3.9 所示。

图 3.9

命令：rec

RECTANG

指定第一个角点或 [倒角（C）/标高（E）/圆角（F）/厚度（T）/宽度（W）]：【鼠标左键单击绘图区域任意一点】

指定另一个角点或 [面积（A）/尺寸（D）/旋转（R）]：@1500,1000【按 Space 键】。

图 3.10

绘制效果如图 3.10 所示。

绘制倒方角为 200 和 100 的 1 500×1 000 的矩形。命令行提示如下：

命令：rec

RECTANG

指定第一个角点或［倒角（C）/标高（E）/圆角（F）/厚度（T）/宽度（W）］：c【按 Space 键】

指定矩形的第一个倒角距离 <0.0000>：200【按 Space 键】

指定矩形的第二个倒角距离 <200.0000>：100【按 Space 键】

指定第一个角点或［倒角（C）/标高（E）/圆角（F）/厚度（T）/宽度（W）］：【单击绘图区域任意一点】

指定另一个角点或［面积（A）/尺寸（D）/旋转（R）］：@1500，1000【按 Space 键】

绘制效果如图 3.11 所示。

（2）绘制倒圆角为 200 的 1 500×1 000 的矩形。命令行提示如下：

命令：rec

RECTANG

当前矩形模式：倒角 =200.0000×100.0000

指定第一个角点或［倒角（C）/标高（E）/圆角（F）/厚度（T）/宽度（W）］：f【按 Space 键】

指定矩形的圆角半径 <200.0000>：200【按 Space 键】

指定第一个角点或［倒角（C）/标高（E）/圆角（F）/厚度（T）/宽度（W）］：【单击绘图区域任意一点】

指定另一个角点或［面积（A）/尺寸（D）/旋转（R）］：@1500，1000【按 Space 键】

绘制效果如图 3.12 所示。

（3）绘制标高为 500、圆角为 200、厚度为 500 的 1 500×1 000 的矩形，命令行提示如下：

命令：rec

RECTANG

当前矩形模式：圆角 =200.0000

指定第一个角点或［倒角（C）/标高（E）/圆角（F）/厚度（T）/宽度（W）］：e【按 Space 键】

指定矩形的标高 <500.0000>：500【按 Space 键】

指定第一个角点或［倒角（C）/标高（E）/圆角（F）/厚度（T）/宽度（W）］：t【按 Space 键】

指定矩形的厚度 <500.0000>：500【按 Space 键】

指定第一个角点或［倒角（C）/标高（E）/圆角（F）/厚度（T）/宽度（W）］：【单击绘图区域任意一点】

指定另一个角点或［面积（A）/尺寸（D）/旋转（R）］：@1500，1000【按 Space 键】

绘制效果如图 3.13 所示。

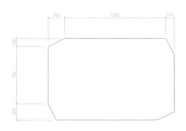

图 3.11

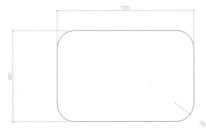

图 3.12

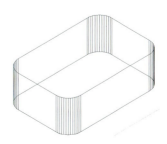

图 3.13

（4）绘制标高为 500、圆角为 200、厚度为 500、宽度为 200 的 1 500×1 000 的矩形，命令行提示如下：

命令：rec

RECTANG

当前矩形模式：标高 =500.0000 圆角 =200.0000 厚度 =500.0000

指定第一个角点或［倒角（C）/标高（E）/圆角（F）/厚度（T）/宽度（W）］：w【按 Space 键】

指定矩形的线宽 <0.0000>：200【按 Space 键】

指定第一个角点或［倒角（C）/标高（E）/圆角（F）/厚度（T）/宽度（W）］：【单击绘图区域任意一点】

指定另一个角点或［面积（A）/尺寸（D）/旋转（R）］：@1500,1000【按 Space 键】

绘制效果如图 3.14 所示。

提示：矩形命令总是保留最后一次参数设置值，绘图时需要先改参数再制图。

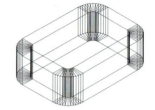

图 3.14

3.2.2 绘制正多边形

正多边形是一个各边长都相等的封闭图形，各个边也不能独立编辑。

执行【正多边形】命令的方法有以下 3 种：

（1）执行【绘图】→【正多边形】命令。

（2）单击绘图工具栏中的【正多边形】按钮。

（3）在命令行中输入"polygon"，然后按 Space 键。

进行上述操作后就可以根据命令行提示在绘图区域进行正多边形的绘制。

（1）绘制一个正八边形，命令行提示如下：

命令：pol

POLYGON

输入边的数目 <4>：8【按 Space 键】

指定正多边形的中心点或［边（E）］：【单击绘图区域任意一点】

输入选项［内接于圆(I)/外切于圆(C)］<I>：i【按 Space 键】

指定圆的半径：300【按 Space 键】

绘制效果如图 3.15 所示。

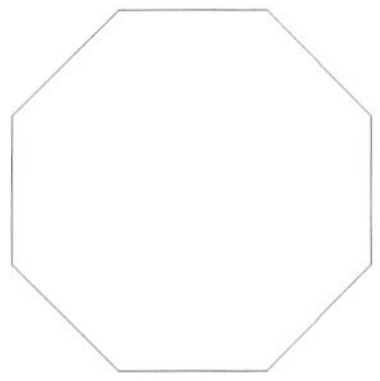

图 3.15

（2）利用本节所学知识绘制图 3.16 所示的图形。

绘制具体步骤如下：

①绘制圆角为 100 的 1 500×1 000 的矩形，命令行提示如下：

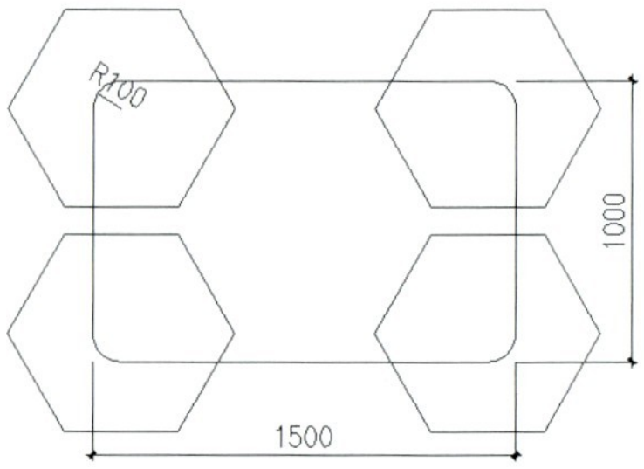

命令：rec

RECTANG

指定第一个角点或［倒角（C）/标高（E）/圆角（F）/厚度（T）/宽度（W）］：f【按 Space 键】

指定矩形的圆角半径 <0.0000>：100【按 Space 键】

指定第一个角点或［倒角（C）/标高（E）/圆角（F）/厚度（T）/宽度（W）］：【单击绘图区域任意一点】

指定另一个角点或［面积（A）/尺寸（D）/旋转（R）］：@1500,1000【按 Space 键】

图 3.16

绘制效果如图 3.17 所示。

②绘制半径为 350 的正六边形。命令行提示如下：

命令：pol

POLYGON

输入边的数目 <8>：6【按空格单击回车键键】"<>"内的数字 8 代表的是系统默认值，即未输入 6，按 Enter 键系统将按八边形的默认值绘制多边形。

指定正多边形的中心点或 [边（E）]：【捕捉矩形圆角的圆心点】

输入选项 [内接于圆（I）/外切于圆（C）]<I>：c【按 Space 键】

指定圆的半径：350【按 Space 键】

绘制效果如图 3.18 所示。

图 3.17

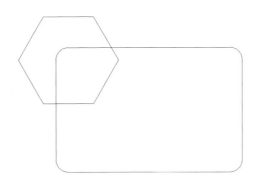

图 3.18

③用相同的方法绘制其他 3 个正六边形。

整个图形绘制结束，保存到指定位置即可。

3.3 圆与圆弧

3.3.1 绘制圆

执行【圆】命令的方法有以下 3 种：

（1）执行【绘图】→【圆】→【圆心、半径】命令，如图 3.19 所示。

在【绘图】菜单中的【圆】子菜单中有 6 个命令可以绘制圆，可根据需要选择其中的绘制方式。

（2）单击绘图工具栏中的【圆】按钮，系统默认使用【圆心、半径】命令绘制圆。

（3）在命令行中输入"circle"，然后按 Space 键，系统默认使用【圆心、半径】命令绘制圆。

进行上述操作后就可以根据命令行提示在绘图区域进行圆的绘制。

绘制圆的命令行提示如图 3.20 所示。

图 3.19

图 3.20

用适当的方法绘制图 3.21 所示图形。

绘制具体步骤如下：

（1）执行【绘图】→【圆】→【圆心、半径】命令绘制 A 点上的圆，输入半径 200。命令行提示如下：

命令：ci

CIRCLE 指定圆的圆心或［三点（3P）/两点（2P）/相切、相切、半径（T）］：【单击绘图区域任意一点】

指定圆的半径或［直径（D）］：200【按 Space 键】

绘制效果如图 3.22 所示。

（2）执行【绘图】→【圆】→【圆心、直径】命令绘制 B 点上的圆，输入直径 200。命令行提示如下：

命令：ci

CIRCLE 指定圆的圆心或［三点（3P）/两点（2P）/相切、相切、半径（T）］：【单击绘图区域任意一点】

指定圆的半径或［直径（D）］<200.0000>：d【按 Space 键】

指定圆的直径 <400.0000>：200【按 Space 键】

绘制效果如图 3.23 所示。

（3）执行【绘图】→【圆】→【两点】命令绘制 C 点与 A、B 中点上的圆。命令行提示如下：

命令：circle

指定圆的圆心或［三点（3P）/两点（2P）/相切、相切、半径（T）］：_2p

指定圆直径的第一个端点：【C 点】

指定圆直径的第二个端点：【AB 中点】

绘制效果如图 3.24 所示。

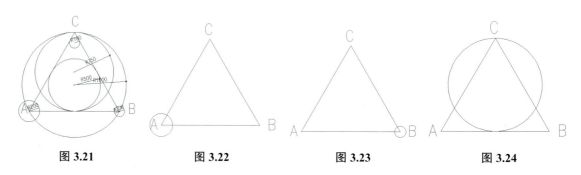

图 3.21　　　　图 3.22　　　　图 3.23　　　　图 3.24

（4）执行【绘图】→【圆】→【三点】命令绘制 A、B、C 三点上的圆。命令行提示如下：

命令：circle

指定圆的圆心或［三点（3P）/两点（2P）/相切、相切、半径（T）］：_3p

指定圆上的第一个点：【C 点】

指定圆上的第二个点：【A 点】

指定圆上的第三个点：【B 点】

绘制效果如图 3.25 所示。

（5）执行【绘图】→【圆】→【相切、相切、半径】命令绘制接近 C 点下面的圆，输入半径 100。命令行提示如下：

命令：ci

CIRCLE 指定圆的圆心或［三点（3P）/两点（2P）/相切、相切、半径（T）］：t

指定对象与圆的第一个切点：【边 AC 上的切点】

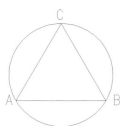

图 3.25

指定对象与圆的第二个切点：【边 BC 上的切点】

指定圆的半径 <1000.0000>：100【按 Space 键】

绘制效果如图 3.26 所示。

（6）执行【绘图】→【圆】→【相切、相切、相切】命令绘制中心圆。命令行提示如下：

命令：circle

指定圆的圆心或［三点（3P）/两点（2P）/相切、相切、半径（T）］：_3p

指定圆上的第一个点：_tan 到【边 AC 上的切点】

指定圆上的第二个点：_tan 到【边 AB 上的切点】

指定圆上的第三个点：_tan 到【边 BC 上的切点】

绘制效果如图 3.27 所示。

整个图形绘制结束，保存到指定位置即可。

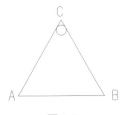

图 3.26

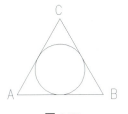

图 3.27

3.3.2 绘制圆弧

圆弧是圆的一部分，不是封闭图形。

执行【圆弧】命令的方法有以下 3 种：

（1）单击绘图工具栏中的【圆弧】按钮，系统默认使用【三点】命令绘制圆弧。

（2）在命令行中输入"arc"，然后按 Space 键，系统默认使用【三点】命令绘制圆弧。

（3）执行【绘图】→【圆弧】→【三点】命令，如图 3.28 所示。

进行上述操作后就可以根据命令行提示在绘图区域进行圆的绘制。

绘制圆弧的命令行提示如下：

命令：a

ARC 指定圆弧的起点或［圆心（C）］：

指定圆弧的第二个点或［圆心（C）/端点（E）］：

指定圆弧的端点：

图 3.28

在【绘图】菜单下的【圆弧】子菜单中有 11 个命令可以绘制圆弧，可根据需要选择其中的绘制方式。子菜单中的各命令解析如下：

【三点】命令：通过给定的 3 个点绘制一个圆弧，此时应指定圆弧的起点、通过的第 2 个点和端点。

【起点、圆心、端点】命令：通过指定圆弧的起点、圆心和端点绘制圆弧。

【起点、圆心、角度】命令：通过指定圆弧的起点、圆心和角度绘制圆弧。

【起点、圆心、长度】命令：通过指定圆弧的起点、圆心和弦长绘制圆弧。

【起点、端点、角度】命令：通过指定圆弧的起点、端点和角度绘制圆弧。

【起点、端点、方向】命令：通过指定圆弧的起点、端点和方向绘制圆弧。

【起点、端点、半径】命令：通过指定圆弧的起点、端点和半径绘制圆弧。

【圆心、起点、端点】命令：通过指定圆弧的圆心、起点和端点绘制圆弧。

【圆心、起点、角度】命令：通过指定圆弧的圆心、起点和角度绘制圆弧。

【圆心、起点、长度】命令：通过指定圆弧的圆心、起点和长度绘制圆弧。

【继续】命令：选择该命令，在命令行的"指定圆弧的起点或［圆心（C）］："提示下直接按 Space 键，系统将以最后一次绘制的线段或圆弧过程中确定的最后一点作为新圆弧的起点，以最后所绘线段方向或圆弧终止点处的切线方向为新圆弧在起始点处的切线方向，然后指定一点，就可以绘制出一个圆弧。

3.4 圆环、椭圆与椭圆弧

3.4.1 绘制圆环

执行【圆环】命令的方法有以下两种：
（1）在命令行中输入"donut"，然后按 Space 键。
（2）执行【绘图】→【圆环】命令，如图 3.29 所示。

进行上述操作后就可以根据命令行提示在绘图区域进行圆环的绘制。

绘制圆环的命令行提示如下：
命令：donut
指定圆环的内径 <0.5000>：50
指定圆环的外径 <1.0000>：60
指定圆环的中心点或 < 退出 >：【单击绘图区域任意一点】
指定圆环的中心点或 < 退出 >：【按 Space 键】
绘制效果如图 3.30 所示。

图 3.29

这样绘制出填充的圆环，如绘制一个不填充的圆环，就要用到"fill"命令。命令行提示如下：
命令：fill
输入模式 [开（ON）/关（OFF）] < 开 >：off【按 Space 键】
命令：donut
指定圆环的内径 <50.0000>：
指定圆环的外径 <60.0000>：
指定圆环的中心点或 < 退出 >：【单击绘图区域任意一点】
指定圆环的中心点或 < 退出 >：【按 Space 键】
绘制效果如图 3.31 所示。

图 3.30

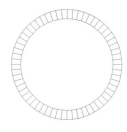

图 3.31

3.4.2 绘制椭圆

执行【椭圆】命令的方法有以下 3 种：
（1）执行【绘图】→【椭圆】→【中心点】命令，如图 3.32 所示。
（2）单击绘图工具栏中的【椭圆】按钮 ⬭，系统默认使用【轴、端点】命令绘制椭圆。
（3）在命令行中输入"ellipse"，然后按 Space 键，系统默认使用【轴、端点】命令绘制椭圆。

进行上述操作后就可以根据命令行提示在绘图区域进行椭圆的绘制。

图 3.32

绘制效果如图 3.33 所示。

绘制椭圆的命令行提示如下：

命令：el

ELLIPSE

指定椭圆的轴端点或 [圆弧（A）/ 中心点（C）]：【b 点】

指定轴的另一个端点：【a 点】

指定另一条半轴长度或 [旋转（R）]：【bc】

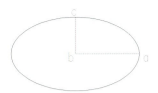

图 3.33

绘制椭圆的方法分别解析如下：

① 【中心点】。

命令行提示如下：

命令：el

ELLIPSE

指定椭圆的轴端点或 [圆弧（A）/ 中心点（C）]：【c 点】

指定椭圆的中心点：200

指定轴的端点：500

指定另一条半轴长度或 [旋转（R）]：180【按 Space 键】

② 【轴、端点】。

命令行提示如下：

命令：el

ELLIPSE

指定椭圆的轴端点或 [圆弧（A）/ 中心点（C）]：【单击绘图区域任意一点】

指定轴的另一个端点：300

指定另一条半轴长度或 [旋转（R）]：60【按 Space 键】

3.4.3 绘制椭圆弧

椭圆弧是椭圆的一部分，不是封闭图形。

执行【椭圆弧】命令的方法有以下 3 种：

（1）执行【绘图】→【椭圆】→【圆弧】命令，如图 3.34 所示。

（2）单击绘图工具栏中的【椭圆弧】按钮。

（3）在命令行中输入"ellipse"，然后按 Space 键。

进行上述操作后就可以根据命令行提示在绘图区域进行椭圆弧的绘制。

图 3.34

绘制椭圆弧的命令行提示如下：

命令：ellipse

指定椭圆的轴端点或 [圆弧（A）/ 中心点（C）]：【a 点】

指定椭圆弧的轴端点或 [中心点（C）]：【单击绘图区域任意一点】

指定轴的另一个端点：500

指定另一条半轴长度或 [旋转（R）]：150

指定起始角度或 [参数（P）]：30

指定终止角度或 [参数（P）/ 包含角度（I）]：270【按 Space 键】

3.5 多线与多段线

多线与多段线都是复合绘图的命令，绘制完成后可以对其进行整体编辑，也可以将其分解然后对各部分进行编辑。

3.5.1 多线

多线是由平行线组成的一种复合线。使用多线可以保证图形之间的统一性。

1. 设置多线样式

在命令行中输入"mlstyle"，然后按 Space 键。

进行上述操作后，系统会打开【多线样式】对话框，如图 3.35 所示。

可以根据需要创建多线样式，单击 新建(N) 按钮，弹出【创建新的多线样式】对话框，如图 3.36 所示。

输入新建样式名称，单击 继续 按钮，可以对新建样式【封口】【填充】【图元】等参数进行设置，确定其线条数目和线的拐角方式等，一般主要设置【图元】的各项参数，如图 3.37 所示。

图 3.35

图 3.36

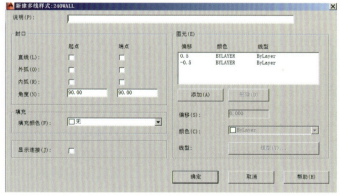

图 3.37

2. 绘制多线

在命令行中输入"mline"，然后按 Space 键。

进行上述操作后就可以根据命令行提示在绘图区域进行多线的绘制。

绘制多线的命令行提示如下：

命令：MLINE

当前设置：对正 = 无，比例 =240.00，样式 = STANDARD

指定起点或 [对正（J）/ 比例（S）/ 样式（ST）]：s

输入多线比例 <240.00>：240

当前设置：对正 = 无，比例 =240.00，样式 = STANDARD
指定起点或［对正（J）/ 比例（S）/ 样式（ST）］：j
输入对正类型［上（T）/ 无（Z）/ 下（B）］< 无 >：z
当前设置：对正 = 无，比例 =240.00，样式 = STANDARD
指定起点或［对正（J）/ 比例（S）/ 样式（ST）］：【单击绘图区域任意一点】
指定下一点：
指定下一点或［放弃（U）］：
指定下一点或［闭合（C）/ 放弃（U）］：【按 Space 键】
各个选项的含义如下：

对正（J）：执行该命令可以确定绘制多线的基准。"上"是指鼠标定点与多线最上面那条平行线端点对齐。"无"是鼠标定点与多线中间对齐。"下"是鼠标定点与多线最下面那条平行线端点对齐。

比例（S）：设置多线间距的比例大小。

样式（ST）：选择设置好的样式。

3. 编辑多线

在命令行中输入"mledit"，然后按 Space 键。

进行上述操作后系统会打开【多线编辑工具】对话框，如图 3.38 所示。

图 3.38

该对话框包含 4 列 12 种修改多线的工具。第 1 列修改十字形多线，第 2 列修改 T 形多线，第 3 列修改角点和顶点，第 4 列用来剪切、组合多线。

3.5.2 多段线

多段线是由相连的线段和圆弧组成的，并作为一个独立的对象进行编辑。多段线可以在绘图的过程中设置不同的线宽，变化多样，适合绘制较复杂的图形轮廓。

1. 绘制多段线

执行【多段线】命令的方法有以下 3 种：

（1）执行【绘图】→【多段线】命令，如图 3.39 所示。

（2）单击绘图工具栏中的【多段线】按钮 。

（3）在命令行中输入"pline"，然后按 Space 键。

进行上述操作后就可以根据命令行提示在绘图区域进行多段线的绘制。

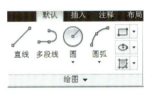

图 3.39

绘制多段线的命令行提示如下：

命令：PLINE
指定起点：
当前线宽为 0.0000
指定下一个点或［圆弧（A）/ 半宽（H）/ 长度（L）/ 放弃（U）/ 宽度（W）］：
指定下一点或［圆弧（A）/ 闭合（C）/ 半宽（H）/ 长度（L）/ 放弃（U）/ 宽度（W）］：
各个选项的含义如下：

圆弧（A）：在命令行中输入"A"，按 Space 键表示接下来要绘制圆弧多段线。

半宽（H）：在命令行中输入"H"，按 Space 键表示指定接下来要绘制的线是输入数值的两倍宽。

长度（L）：在命令行中输入"L"，按 Space 键表示要设置接下来要绘制的多段线的长度。

放弃（U）：在命令行中输入"U"，按 Space 键表示放弃最近绘制的那一段多段线，并接着那段多段线的起点绘制。

宽度（W）：在命令行中输入"W"，按 Space 键表示设置多段线的宽度。起点和端点可设置不同的宽度，绘制不规则的图形，如箭头。

当输入的多段线超过 3 段时，命令行中会出现"闭合（CL）"选项，在命令行中输入"CL"后按 Space 键就可以将绘制的多段线闭合。

2. 编辑多段线

打开【多段线编辑工具】的方法有以下两种：

（1）执行【修改】→【对象】→【多段线】命令，如图 3.40 所示。

（2）在命令行中输入"pedit"，然后按 Space 键。

进行上述操作后命令行提示如下：

命令：pedit

选择多段线或 [多条（M）]：

输入选项 [闭合（C）/合并（J）/宽度（W）/编辑顶点（E）/拟合（F）/样条曲线（S）/非曲线化（D）/线型生成（L）/放弃（U）]：

图 3.40

各个选项的含义如下：

闭合（CL）：将绘制的多段线的起点和端点用一条直线连接起来，使其闭合。

合并（J）：选中一条多段线作为主体，将其他的与其首尾相接的线段、圆弧、多段线合并在一起，使其成为一条独立的多段线。

宽度（W）：修改多段线的宽度，使整条多段线的宽度都被新设置的宽度所替代。

编辑顶点（E）：利用其子选项可以对顶点进行编辑，还可以编辑与其相邻的线段。

拟合（F）：将指定的多段线变为由光滑圆弧连接每对顶点的拟合曲线，该曲线通过多段线的所有顶点。

样条曲线（S）：由系统控制生成由多段线顶点控制的样条曲线。

非曲线化（D）：取消拟合和样条曲线命令，返回初始状态。

线型生成（L）：控制非连续线型的多段线顶点处的线型。

放弃（U）：结束编辑。

部分选项的图形效果如图 3.41 所示。

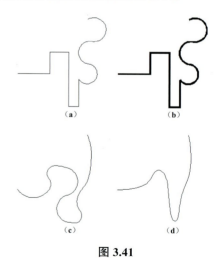

图 3.41

（a）原始多段线；（b）指定宽度后；（c）拟合后；（d）样条曲线

3.6 样条曲线与修订云线

样条曲线和修订云线都是绘制平滑曲线常用的命令。

3.6.1 样条曲线

样条曲线可以在控制点之间形成光滑的曲线,一般用于需要考虑外形的对象。

1. 绘制样条曲线

执行【样条曲线】命令的方法有以下 3 种:

(1)执行【绘图】→【样条曲线】命令,如图 3.42 所示。
(2)单击绘图工具栏中的【样条曲线】按钮~。
(3)在命令行中输入"spline",然后按 Space 键。

进行上述操作后就可以根据命令行提示在绘图区域进行样条曲线的绘制。

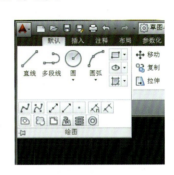

图 3.42

绘制样条曲线的命令行提示如下:

命令:SPLINE

指定第一个点或 [对象(O)]:

指定下一点:

指定下一点或 [闭合(C)/ 拟合公差(F)] < 起点切向 >:

指定下一点或 [闭合(C)/ 拟合公差(F)] < 起点切向 >:

指定下一点或 [闭合(C)/ 拟合公差(F)] < 起点切向 >:

指定下一点或 [闭合(C)/ 拟合公差(F)] < 起点切向 >:

指定下一点或 [闭合(C)/ 拟合公差(F)] < 起点切向 >:

指定起点切向:

指定端点切向:【按 Space 键】

部分选项的含义如下:

对象(O):将通过拟合命令变化的多段线转换为等价的样条曲线,并删除该多段线。

闭合(C):将最后一点与第一点连接,并使之在连接处相切,这样可使样条曲线闭合。

拟合公差(F):控制样条曲线对数据点的接近程度。

2. 编辑样条曲线

打开【样条曲线编辑工具】的方法有以下两种:

(1)执行【修改】→【对象】→【样条曲线】命令,如图 3.43 所示。

(2)在命令行中输入"splinedit",然后按 Space 键。

进行上述操作后命令行提示如下:

命令:splinedit

选择样条曲线:

输入选项 [拟合数据(F)/ 闭合(C)/ 移动顶点(M)/ 精度(R)/ 反转(E)/ 放弃(U)]:

图 3.43

各个选项的含义如下:

拟合数据(F):编辑拟合数据还有许多项可供选择。命令行提示如下:

命令:SPLINEDIT

选择样条曲线:

输入选项 [拟合数据(F)/ 闭合(C)/ 移动顶点(M)/ 精度(R)/ 反转(E)/ 放弃(U)]:f

输入拟合数据选项:

[添加(A)/ 闭合(C)/ 删除(D)/ 移动(M)/ 清理(P)/ 相切(T)/ 公差(L)/ 退出(X)]:

闭合（C）：将开放的样条曲线闭合，使起点和端点平滑相接。

移动顶点（M）：移动拟合点到另一个位置，调整样条曲线的形状，并将原顶点删除，如图 3.44 所示。

精度（R）：调整样条曲线，提高其精密度。

反转（E）：改变样条曲线的方向，并交换起点和端点，但不改变其形状。

【放弃（U）】：取消最近一次进行的编辑操作。

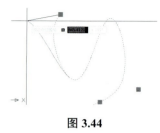

图 3.44

3.6.2 修订云线

修订云线是一种显示为云的形状的多段线，并由连续的圆弧组成，主要使用在对象标记方面，特别是对于图纸中需要修改的地方，经常用修订云线框选标记出来，以便后期识别。

执行【修订云线】命令的方法有以下 3 种：

（1）执行【绘图】→【修订云线】命令，如图 3.45 所示。

（2）单击绘图工具栏中的【修订云线】按钮。

（3）在命令行中输入"revcloud"，然后按 Space 键。

进行上述操作后就可以根据命令行提示在绘图区域进行修订云线的绘制。

绘制修订云线的命令行提示如下：

命令：REVCLOUD

最小弧长：5　最大弧长：15　样式：手绘

指定起点或［弧长（A）/对象（O）/样式（S）］＜对象＞：

沿云线路径引导十字光标…

反转方向［是（Y）/否（N）］＜否＞：N

修订云线完成。

各个选项的含义如下：

图 3.45

弧长（A）：设置修订云线中弧线的长度，其中最大弧长不超过最小弧长的 3 倍。

对象（O）：将已有对象（例如圆、椭圆、多段线或样条曲线）转化为修订云线。

默认 DELOBJ 值为 1，即将原始对象删除，并确定其是否反转，如图 3.46 所示。

在命令行中输入"DELOBJ"，指定新值为 0，将不删除原对象，如图 3.47 所示。

样式（S）：指定修订云线的样式，有圆弧、普通和手绘 3 种。

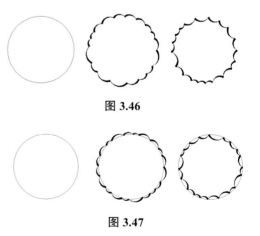

图 3.46

图 3.47

3.7 图案填充

3.7.1 基本概念

图案填充命令【bhatch】，别名为"bh、h"。要重复绘制某些图案以填充图形中的一个区域（要闭合），从而表达该区域的特征，这种填充操作称为图案填充。图案填充的应用非常广泛，例如，在建筑工程图中，图案填充用于表达一个剖切的构件区域，并且不同的图案填充表达不同的构件或材料，或纯粹为了美观。

每一种填充图案都由一些简单线条按特定的角度和间隔组成，系统提供了68种预先定义的填充图案，每种图案都有一个名字，以便选用，可以在【图案填充】对话框中浏览和选用这些预定义的图案，在进行填充时，这些图案的组成线条由系统自动组成一个类似的内部块，在进行图形处理时，可以把它当作一个块实体来对待。由于这种内部块的定义、调用由系统自动完成，所以感觉与绘制一般对象一样。

在进行填充时，首先要确定填充域的边界。填充域的边界只能由直线、圆弧、圆、二维多义线等组成，并且必须在当前屏幕上全部可见。最一般的定义方法通常可以借用选择对象的方法。

3.7.2 图案填充的设置

执行【图案填充】命令的方法有以下3种：

（1）执行【绘图】→【图案填充】命令，如图3.48所示。
（2）单击绘图工具栏中的【图案填充】按钮。
（3）在命令行中输入"bhatch"，然后按Space键。

进行上述操作会打开【图案填充和渐变色】对话框中的【图案填充】选项卡，从中可以设置图案填充的类型和图案、角度和比例等特性，如图3.49所示。

图 3.48

图 3.49

3.7.3 设置孤岛

在进行图案填充时，通常将位于已定义好的填充域内的封闭区域称为孤岛。单击【图案填充和渐变色】对话框右下角的按钮，将展开【图案填充和渐变色】对话框，显示更多选项，以设置孤岛、边界保留等信息，如图3.50所示。其中，对外层边界内的对象区域进行填充处理，系统提供了3种方式：普通、外部、忽略。3种填充方式体现的是图形具有不同嵌套关系时填充的不同表现：普通模式是将所选区域及区域内嵌套的范围填充；外部模式仅填充所选区域，嵌套区域不填充；忽略模式为全部填充。

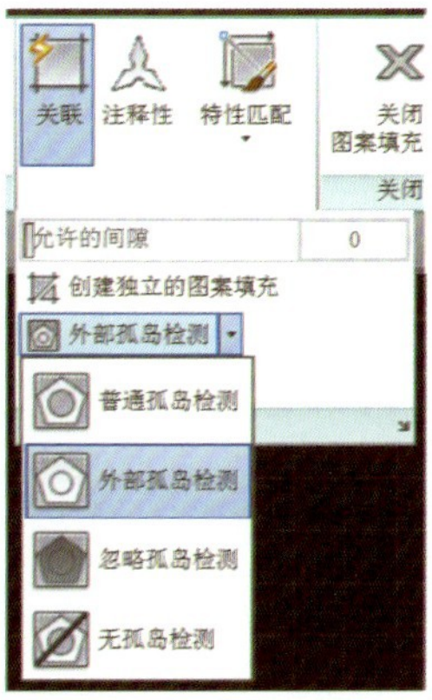

3.7.4 使用渐变色填充图形

在AutoCAD 2014中，可以使用【图案填充和渐变色】对话框中的【渐变色】选项卡创建一种或两种颜色形成的渐变色，并对图案进行填充。

执行【渐变色】填充命令的方法有以下3种：

（1）执行【绘图】→【渐变色】命令，如图3.51所示。
（2）单击绘图工具栏中的【渐变色】按钮。
（3）在命令行中输入"gradient"，然后按Space键。

图 3.50

图 3.51

进行上述操作会打开
【图案填充和渐变色】对
话框中的【渐变色】选项
卡，从中可以设置图案和
颜色等，如图3.52所示。

图 3.52

3.7.5 控制图案填充的可见性

图案填充的可见性是可以控制的。可以用两种方法控制图案填充的可见性：一种是用命令"FILL"来实现，将其填充模式设置为"开"或"关"；另一种是利用图层来实现。

提示：用有宽度的多段线等命令绘制的实体对象，其内部填充也是用命令"FILL"实现可见性控制的。设置可见性后，执行【视图】→【全部重生成】命令，则刷新所有对象显示。

3.7.6 编辑图案填充

打开【图案填充编辑】对话框的方法有以下3种：
（1）执行【修改】→【对象】→【图案填充】命令，如图3.53所示。
（2）在命令行中输入"hatchedit"，然后按Space键。
（3）双击要编辑的图案填充对象。

进行上述操作后在绘图区域中单击要编辑的图案填充对象，即可打开【图案填充编辑】对话框。【图案填充编辑】对话框与【图案填充和渐变色】对话框的内容完全相同，只是定义填充边界和对孤岛操作的某些按钮不可用。

图 3.53

3.7.7 分解图案

图案是一种特殊的块，称为"匿名"块，无论形状多复杂，它都是一个单独的对象。在图案分解前，无法对填充内容进行单独编辑，可以执行【修改】→【分解】命令来分解一个已存在的关联图案。

图案被分解后，它将不再是一个单一的对象，而是一组组成图案的线条。同时，分解后的图案也失去了与图形的关联性，因此，将无法执行【修改】→【对象】→【图案填充】命令来编辑。

本章小结

AutoCAD 2014的二维图形绘制命令是学习绘图的最基本的内容，熟练掌握本章的内容才能够准确、快速地进行二维图形的绘制。掌握了二维图形绘制命令以后，将进行二维图形编辑命令的学习，二维图形的绘制命令和编辑命令是学习二维图形绘制的重要内容。

思考与实训

1. 绘制一个2 000×1 800的床。
2. 根据书中实例，用多种方法进行图形的绘制。

CHAPTER FOUR

第 4 章 视图控制与二维图形编辑

知识目标

在学习了 AutoCAD 2014 二维图形绘制命令的基础上，本章着重介绍二维图形的编辑命令。除此以外，本章还介绍了图层的设定和管理、视图的控制和管理、面域与边界的编辑命令。掌握了二维图形的绘制命令和编辑命令就可以绘制完整的二维图纸，为 AutoCAD 2014 三维建模的学习做准备。

能力目标

1. 掌握 AutoCAD 2014 的二维图形编辑命令；
2. 掌握 AutoCAD 2014 的视图管理命令；
3. 了解面域与边界的编辑。

4.1 重画与重生成

4.1.1 使用【重画】命令刷新屏幕

在编辑图形时，有时屏幕上会出现显示不正确或显示一些临时标记的现象，如圆弧显示为折线、虚线显示为实线等。在这种情况下，可以使用【重画】命令来刷新屏幕，以显示正确的图形。

执行【重画】命令的方法：在命令行中输入"redraw"，然后按 Space 键。

4.1.2 使用【重生成】或【全部重生成】命令刷新屏幕

如果用【重画】命令刷新屏幕后仍不能正确显示图形，则需要执行【重生成】命令。最常见的是改变一些系统变量后，执行【重画】命令是不能显示效果的，如改变填充模式控制开关变量 fill、线型比例因子变量 ltscale 等。【重生成】命令不仅可以刷新屏幕，而且可以更新图形数据库中所有图形对象的屏幕坐标，因此该命令可以准确地显示图形数据。

执行【重生成】或【全部重生成】命令的方法：在命令行中输入"regen"或"regenall"，然后按 Space 键。

提示：【重生成】命令只对当前视口有效；【全部重生成】命令对所有视口有效。

4.2 视图的缩放和平移

4.2.1 视图的缩放

图形缩放就是放大和缩小视图，以方便查看图形和对图形进行操作。它类似照相机的镜头，可以放大或缩小屏幕所显示的范围，但对象的实际尺寸并不发生变化。图形平移就是在屏幕上把图形移动到合适位置，以方便查看图形和对图形进行操作。

执行【缩放】命令的方法有以下两种：

（1）执行【视图】→【缩放】命令，在【缩放】子菜单中选择具体的缩放命令，如图 4.1 所示。

（2）在命令行中输入"zoom"，然后按 Space 键。

命令行提示如下：

命令：z

ZOOM

指定窗口的角点，输入比例因子（nX 或 nXP），或者

［全部（A）/中心（C）/动态（D）/范围（E）/上一个（P）/比例（S）/窗口（W）/对象（O）］<实时>：

【缩放】命令各选项的说明如下：

范围：用于将图形在视口内最大限度地显示出来。

窗口：用于放大一个由两个对角点所确定的矩形区域。

上一个：用于恢复当前视口内上一次显示的图形，最多可以恢复 10 次。

实时：用于交互缩放当前图形窗口。当用户选择该命令后，鼠标指针呈放大镜形状显示。按住指针向上或向左移动将放大视图，按住指针向下或向右移动将缩小视图。不过，该功能不能用于三维视图。要退出实时缩放状态，可按 Enter 键，或者单击鼠标右键，从弹出的快捷菜单中选择【退出】命令。

图 4.1

全部：用于在当前视口显示整个图形，其大小取决于图限设置或有效绘图区域，这是因为用户可能没有设置图限或有些图形超出了绘图区域。

动态：动态缩放是通过定义一个视图框来显示选定的图形区域。而且，用户可以移动视图框和改变视图框的大小。动态视图由两个线框组成：蓝色的线框代表当前视图，白色线框代表用户可定义的动态视图。

比例：该命令将当前视口中心作为中心点，并且依据输入的相关参数值进行缩放。输入值必须是下列 3 类之一：输入不带任何后缀的数值，表示相对于图限缩放图形；数值后跟字母 X，表示相对于当前视图进行缩放；数值后跟 XP，表示相对于图纸空间单位缩放当前视口。

中心：缩放显示由中心点和放大比例（或高度）所定义的窗口。高度值较小时增加放大比例，高度值较大时减小放大比例。

对象：缩放尽可能大地显示一个或多个选定的对象并使其位于绘图区域的中心。可以在启动

"zoom"命令之前或之后选择对象。

放大：将当前视图放大 1 倍。

缩小：将当前视图缩小 1/2。

4.2.2 视图的平移

视图的平移主要是通过实时平移来实现的，它不改变图形对象的位置和比例，只更改视图。

执行【平移】命令的方法有以下 4 种：

（1）执行【视图】→【平移】→【实时】命令，如图 4.2 所示。

（2）单击【实时平移】按钮，十字光标会变成手的形状。

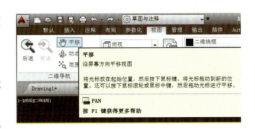

图 4.2

（3）在命令行中输入"pan"，然后按 Space 键。

（4）使用鼠标滚轮，在按住滚轮按钮的同时拖动鼠标。

执行【平移】命令后，按住鼠标左键拖动画布可以将图形拖动到图形界限内的任何位置。

命令行提示如下：

命令：p

PAN

按 Esc 键或 Enter 键退出，或单击鼠标右键显示快捷菜单并从中选择命令。

4.3 更改为随层

更改为随层是把图层的颜色、线型、线宽、材质等特性替代为解锁图层上选定的对象和插入块的随层。

执行【更改为随层】命令的方法：在命令行中输入"setbylayer"，然后按 Space 键。

进行上述操作后，系统会执行【更改为随层】命令。

下面通过一个实例说明如何使用【更改为随层】命令。

（1）绘制图 4.3 所示图形。

图 4.3

（2）在命令行中输入"setbylayer"，按 Space 键，命令行提示如下：

当前活动设置：颜色 线型 线宽 材质

选择对象或［设置（S）］：指定对角点：找到 2 个【选中大圆和矩形】

选择对象或［设置（S）］：

是否将 ByBlock 更改为 ByLayer？［是（Y）/否（N）］＜是（Y）＞：y

是否包括块？［是（Y）/否（N）］＜是（Y）＞：y【按 Space 键】

2 个对象已修改。

更改后的效果如图 4.4 所示。

图 4.4

4.4 删除与取消删除

4.4.1 删除

删除就是把一些错误操作的结果擦除掉。

执行【删除】命令的方法有以下 4 种：

（1）执行【修改】→【删除】命令，如图 4.5 所示。
（2）单击【修改】工具栏中的【删除】按钮 。
（3）在命令行中输入"erase"，然后按 Space 键。
（4）使用键盘上的 Delete 键。

进行上述操作后，系统会执行【删除】命令。

图 4.5

4.4.2 取消删除

执行【删除】命令时，可能会删除一些有用的图形，如果想将其恢复，那么使用【取消删除】命令是最方便的。

执行【取消删除】命令的方法有以下两种：

（1）在命令行中输入"oops"，然后按 Space 键。
（2）按"Ctrl+Z"组合键。

进行上述操作后，系统就会把删除的对象还原回来。"oops"命令只能返回上一次被删除的对象，"Ctrl+Z"组合键则可返回删除对象之前的状态。

4.5 复制、镜像与阵列

4.5.1 复制

在绘图的过程中，为了保证图形的一致性，复制对象是最简单常用的方法。

执行【复制】命令的方法有以下 3 种：

（1）执行【修改】→【复制】命令，如图 4.6 所示。
（2）单击【修改】工具栏中的【复制】按钮 。
（3）在命令行中输入"copy"（或"co"），然后按 Space 键。

进行上述操作后，系统会执行【复制】命令。

下面通过一个实例来说明如何复制图形：

（1）绘制图 4.7 所示图形。
（2）将半径为 100 的圆按圆心间距为 300 复制 3 个，如图 4.8 所示。

图 4.6

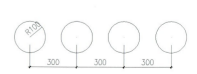

图 4.7   图 4.8

命令行提示如下：

命令：co

COPY

选择对象：指定对角点：找到 2 个【选中半径 100 的圆】

选择对象：

当前设置：复制模式 = 多个

指定基点或［位移（D）/ 模式（O）］< 位移 >：【圆心】

指定第二个点或 < 使用第一个点作为位移 >：300【沿 X 轴】

指定第二个点或［退出（E）/ 放弃（U）］< 退出 >：600

指定第二个点或［退出（E）/ 放弃（U）］< 退出 >：900

指定第二个点或［退出（E）/ 放弃（U）］< 退出 >：【按 Space 键】

4.5.2 镜像

使用【镜像】命令可以快速地将对称对象的另外半个对象绘制出来，而无须绘制整个对象。

执行【镜像】命令的方法有以下 3 种：

（1）执行【修改】→【镜像】命令，如图 4.9 所示。

（2）单击【修改】工具栏中的【镜像】按钮。

（3）在命令行中输入"mirror"（或"mi"），然后按 Space 键。

进行上述操作后，系统会执行【镜像】命令。

下面通过一个实例来说明如何镜像图形：

（1）绘制图 4.10 所示图形。

（2）执行【镜像】命令后，得到图 4.11 所示的图形。

　　　　　　　　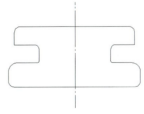

图 4.9　　　　　　　图 4.10　　　　　　　图 4.11

命令行提示如下：

命令：mi

MIRROR

选择对象：指定对角点：找到 12 个

选择对象：指定镜像线的第一点：【a 点】

指定镜像线的第二点：【b 点】

要删除源对象吗？［是（Y）/ 否（N）］<N>：【按 Space 键】，默认选项是保留源对象，如果要删除源对象，需要在此处输入"Y"。

文字的镜像和图形的镜像不相同，文字在【镜像】命令中是否反转或倒置与命令"mirrtext"有关系。

命令行提示如下：

命令：mirrtext

输入 MIRRTEXT 的新值 <0>：1【按 Space 键】

"mirrtext"的新值为"0"时,文字在【镜像】命令中不会反转或倒置;"mirrtext"的新值为"1"时,文字在【镜像】命令中会反转或倒置。

4.5.3 阵列

【阵列】命令是将选定的对象一次性地进行大量复制,并按照环形、矩形或路径的方式进行排列。

执行【阵列】命令的方法有以下两种:

(1)执行【默认】→【修改】→【阵列】命令。直接选择【阵列】命令,系统默认执行【矩形阵列】命令,如图 4.12 所示。

(2)在命令行中输入"array",然后按 Space 键。

进行上述操作后,系统会打开【阵列】对话框,如图 4.13 所示。

图 4.12

图 4.13

阵列方式有以下 3 种。

1. 环形阵列

【环形阵列】是将对象以环形的路径进行复制的命令。

下面通过实例说明如何环形阵列图形。

(1)绘制图 4.14 所示图形。

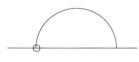
图 4.14

(2)将图 4.14 所示图形通过执行【环形阵列】命令进行编辑,数据输入如图 4.15 所示。【项目数】代表包括源物体在内的阵列后的物体数量,【行数】代表要阵列的层次数。

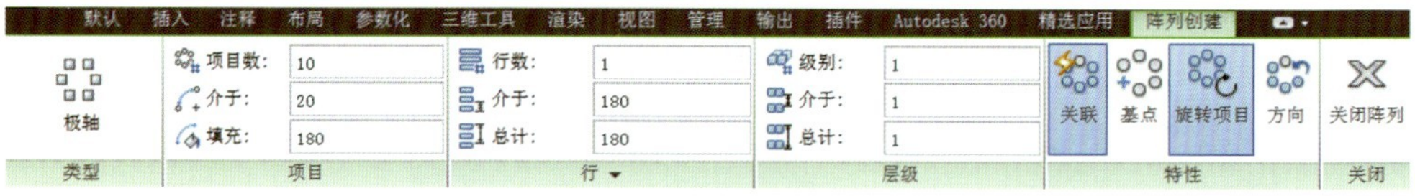

图 4.15

执行【阵列】命令后,效果如图 4.16 所示。

2. 矩形阵列

【矩形阵列】是将对象按照同一起点两条矩形边的方向进行复制的命令,通过行数、列数的设定复制对象数量。

下面通过实例说明如何矩形阵列图形:

(1)绘制图 4.17 所示图形。

(2)将图 4.17 所示图形通过执行【矩形阵列】命令编辑成图 4.18 所示图形。

图 4.16　　　　图 4.17　　　　图 4.18

3. 路径阵列

【路径阵列】是将源物体根据特定的路径，如直线、样条曲线等进行阵列的命令，如图 4.19（a）所示。

下面通过实例说明如何路径阵列图形：

（1）绘制图 4.19（b）所示图形。

（2）将图 4.19（b）所示图形通过执行【路径阵列】命令编辑成图 4.19（c）所示图形。

（a）
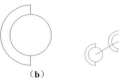
（b）

（c）

图 4.19

4.6 移动与旋转

4.6.1 移动

移动就是改变对象的位置，在绘制图形时使用【移动】命令可以将绘错位置的图形移动到正确的位置。

执行【移动】命令的方法有以下 3 种：

（1）执行【修改】→【移动】命令，如图 4.20 所示。

（2）单击【修改】工具栏中的【移动】按钮 ✣。

（3）在命令行中输入"move"（或"m"），然后按 Space 键。

图 4.20

进行上述操作后，系统将会执行【移动】命令。命令行提示如下：

命令：m

MOVE

选择对象：指定对角点：找到 1 个

选择对象：

指定基点或[位移（D）]<位移>：指定第二个点或<使用第一个点作为位移>：

下面通过实例说明如何移动绘制的图形：

（1）绘制图 4.21 所示图形。

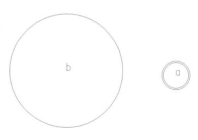

图 4.21

（2）将图 4.21 所示图形通过执行【移动】命令编辑成图 4.22 所示图形。

命令行提示如下：

命令：m

MOVE

选择对象：指定对角点：找到 3 个【a 对象】

选择对象：【按 Space 键】

指定基点或[位移（D）]<位移>：【a 点】

指定第二个点或<使用第一个点作为位移>：【b 点】

图 4.22

4.6.2 旋转

旋转就是使被选中的对象围绕一个定基点转一个角度。逆时针旋转时旋转角度为正，顺时针旋转时旋转角度为负。

执行【旋转】命令的方法有以下 3 种：

（1）执行【修改】→【旋转】命令，如图 4.23 所示。

（2）单击【修改】工具栏中的【旋转】按钮 ○。

（3）在命令行中输入"rotate"（或"ro"），然后按 Space 键。

进行上述操作后，系统将会执行【旋转】命令。命令行提示如下：

命令：ro

ROTATE

UCS 当前的正角方向：ANGDIR= 逆时针 ANGBASE=0

选择对象：找到 1 个

选择对象：

指定基点：

指定旋转角度，或 [复制（C）/ 参照（R）] <0>：

下面通过实例说明如何旋转绘制的图形：

（1）绘制图 4.24 所示图形。

（2）将图 4.24 所示图形通过执行【旋转】命令编辑成图 4.25 所示图形。

图 4.23

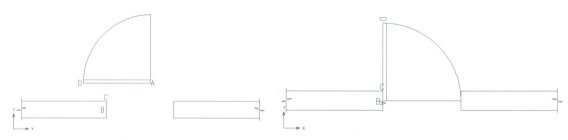

图 4.24　　　　　　　　　　图 4.25

命令行提示如下：

命令：m

MOVE

选择对象：指定对角点：找到 3 个【A，D 对象】

选择对象：【按 Space 键】

指定基点或 [位移（D）] <位移>：【A 点】

指定第二个点或 <使用第一个点作为位移>：【B 点】

命令：ro

ROTATE

UCS 当前的正角方向：ANGDIR= 逆时针 ANGBASE=0

选择对象：P 找到 3 个【A，D 对象】

选择对象：【按 Space 键】

指定基点：【B 点】

指定旋转角度，或 [复制（C）/ 参照（R）] <0>：R【按 Space 键】

指定参照角 <0>：指定第二点：【D 点】
指定新角度或 ［点（P）］<0>：【C 点】

4.7 缩放与拉伸

4.7.1 缩放

缩放是指通过指定比例因子改变对象的大小。比例因子小于 1 表示缩小，比例因子大于 1 表示放大。
执行【缩放】命令的方法有以下 3 种：
（1）执行【修改】→【缩放】命令，如图 4.26 所示。
（2）单击【修改】工具栏中的【缩放】按钮。
（3）在命令行中输入"scale"（或"sc"），然后按 Space 键。
进行上述操作后，系统将会执行【缩放】命令。命令行提示如下：
命令：sc

图 4.26

SCALE
选择对象：找到 1 个
选择对象：
指定基点：在绘图区域内指定一点
指定比例因子或 ［复制（C）/ 参照（R）］<1.0000>：0.5
选项说明：可以将对象按指定的比例因子相对于基点进行尺寸缩放。先选择对象，然后指定基点，命令行将显示"指定比例因子或 ［复制（C）/ 参照（R）］<1.0000>："提示信息。如果直接指定缩放的比例因子，对象将根据该比例因子相对于基点缩放，当比例因子大于 0 而小于 1 时缩小对象，当比例因子大于 1 时放大对象；如果选择【参照（R）】选项，对象将按参照的方式缩放，需要依次输入参照长度的值和新的长度值，AutoCAD 2014 根据参照长度与新长度的值自动计算比例因子（比例因子 = 新长度值 / 参照长度值），然后进行缩放。
下面通过实例说明如何缩放绘制的图形：
（1）绘制图 4.27 所示图形。
（2）将图 4.27 所示图形通过执行【缩放】命令编辑成图 4.28 所示图形。

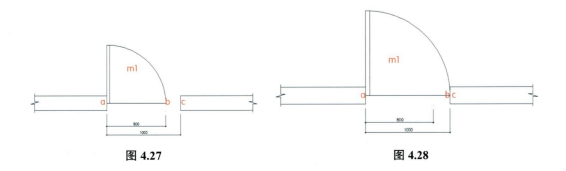

图 4.27　　　　　　　　　　图 4.28

命令行提示如下：
命令：sc

SCALE
选择对象：指定对角点：找到 1 个【m1】
选择对象：【按 Space 键】
指定基点：【a 点】
指定比例因子或［复制（C）/ 参照（R）］<1.0000>：r【按 Space 键】
指定参照长度 <1.0000>：指定第二点：【b 点】
指定新的长度或［点（P）］<1.0000>：【c 点】

4.7.2 拉伸

拉伸是在指定对象的基点和位移点的情况下对图形的部分对象进行放大或缩小。
执行【拉伸】命令的方法有以下 3 种：
（1）执行【修改】→【拉伸】命令，如图 4.29 所示。
（2）单击【修改】工具栏中的【拉伸】按钮。
（3）在命令行中输入"stretch"（或"s"），然后按 Space 键。
进行上述操作后，系统将会执行【拉伸】命令。命令行提示如下：
命令：s
STRETCH
以交叉窗口或交叉多边形选择要拉伸的对象 ...
选择对象：指定对角点：找到 3 个
选择对象：
指定基点或［位移（D）］< 位移 >：
指定第二个点或 < 使用第一个点作为位移 >：
操作方法：

图 4.29

可以移动或拉伸对象，操作方式根据图形对象在选择框中的位置决定。执行该命令时，可以使用"交叉窗口"方式或者"交叉多边形"方式选择对象，然后依次指定位移基点和位移矢量，移动全部位于选择窗口之内的对象，而拉伸（或压缩）与选择窗口边界相交的对象。

下面通过实例说明如何拉伸绘制的图形：
（1）绘制图 4.30 所示图形。
（2）将图 4.30 所示图形通过执行【拉伸】命令编辑成图 4.31 所示图形。

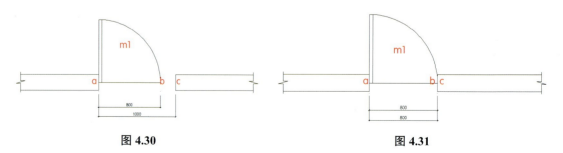

图 4.30　　　　　　　　　　　　　图 4.31

命令行提示如下：
命令：s
STRETCH
以交叉窗口或交叉多边形选择要拉伸的对象 ...

选择对象：指定对角点：找到 2 个【c 点对象】
选择对象：【按 Space 键】
指定基点或 [位移（D）] <位移>：【c 点】
指定第二个点或 <使用第一个点作为位移>：【b 点】

4.8 修剪与延伸

4.8.1 修剪

修剪是将绘制的超出范围的不合适的图形剪掉，使其精确地终止在其他对象的边界上。

执行【修剪】命令的方法有以下 3 种：

（1）执行【修改】→【修剪】命令，如图 4.32 所示。

（2）单击【修改】工具栏中的【修剪】按钮。

（3）在命令行中输入"trim"（或"tr"），然后按 Space 键。

进行上述操作后，系统将会执行【修剪】命令。命令行提示如下：

图 4.32

命令：tr
TRIM
当前设置：投影 =UCS，边 = 无
选择剪切边 ...
选择对象或 <全部选择>：找到 1 个
选择对象：
选择要修剪的对象，或按住 Shift 键选择要延伸的对象，或 [栏选（F）/窗交（C）/投影（P）/边（E）/删除（R）/放弃（U）]：

选项说明：可以作为剪切边的对象有直线、圆弧、圆、椭圆或椭圆弧、多段线、样条曲线、构造线、射线以及文字等。剪切边也可以同时作为被剪边。在默认情况下，选择要修剪的对象（选择被剪边），系统将以剪切边为界，将被剪切对象上位于拾取点一侧的部分剪切掉。如果按住 Shift 键，同时选择与修剪边不相交的对象，修剪边将变为延伸边界，将选择的对象延伸至与修剪边界相交。

栏选（F）：选取要修剪对象的被剪部分。

投影（P）：选择三维图形编辑中实体剪切的不同投影方法。

边（E）：确定修剪边的隐含延伸模式。

窗交（C）：窗口交叉选择方式。

放弃（U）：取消上次所作的修剪操作。

下面通过实例说明如何修剪绘制的图形：

（1）绘制图 4.33 所示图形。

（2）将图 4.33 所示图形通过执行【修剪】命令编辑成图 4.34 所示图形。

命令行提示如下：

命令：tr

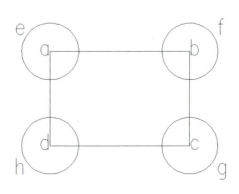

图 4.33

TRIM

当前设置：投影 =UCS，边 = 无

选择剪切边 ...

选择对象或 < 全部选择 >：【按 Space 键】

选择要修剪的对象，或按住 Shift 键选择要延伸的对象，或

［栏选（F）/ 窗交（C）/ 投影（P）/ 边（E）/ 删除（R）/ 放弃（U）］：指定对角点:【ae 点对象】

选择要修剪的对象，或按住 Shift 键选择要延伸的对象，或

［栏选（F）/ 窗交（C）/ 投影（P）/ 边（E）/ 删除（R）/ 放弃（U）］：指定对角点:【bf 点对象】

选择要修剪的对象，或按住 Shift 键选择要延伸的对象，或

［栏选（F）/ 窗交（C）/ 投影（P）/ 边（E）/ 删除（R）/ 放弃（U）］：指定对角点:【cg 点对象】

选择要修剪的对象，或按住 Shift 键选择要延伸的对象，或

［栏选（F）/ 窗交（C）/ 投影（P）/ 边（E）/ 删除（R）/ 放弃（U）］：指定对角点:【dh 点对象】

选择要修剪的对象，或按住 Shift 键选择要延伸的对象，或

［栏选（F）/ 窗交（C）/ 投影（P）/ 边（E）/ 删除（R）/ 放弃（U）］：【按 Space 键】

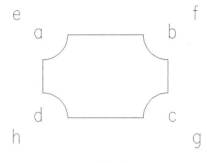

图 4.34

4.8.2 延伸

延伸就是将指定的对象延长，使其与另一个对象的边界相交。

执行【延伸】命令的方法有以下 3 种：

（1）执行【修改】→【延伸】命令，如图 4.35 所示。

（2）单击【修改】工具栏中的【延伸】按钮 。

（3）在命令行中输入 "extend"（或 "ex"），然后按 Space 键。

进行上述操作后，系统将会执行【延伸】命令。命令行提示如下：

图 4.35

命令：ex

EXTEND

当前设置：投影 =UCS，边 = 无

选择边界的边 ...

选择对象或 < 全部选择 >：

选择要延伸的对象，或按住 Shift 键选择要修剪的对象，或［栏选（F）/ 窗交（C）/ 投影（P）/ 边（E）/ 放弃（U）］：

选项说明：

【延伸】命令的使用方法和【修剪】命令的使用方法相似，不同之处在于：使用【延伸】命令时，如果在按住 Shift 键的同时选择对象，则执行【修剪】命令；使用【修剪】命令时，如果在按住 Shift 键的同时选择对象，则执行【延伸】命令。

栏选（F）：选择要延伸的对象。

投影（P）：确定延伸三维对象时的投影方法。

边（E）：确定延伸模式。

放弃（U）：取消上次所作的延伸操作。

下面通过实例说明如何延伸绘制的图形：

（1）绘制图 4.36 所示图形。
（2）将图 4.36 所示图形通过执行【延伸】命令编辑成图 4.37 所示图形。

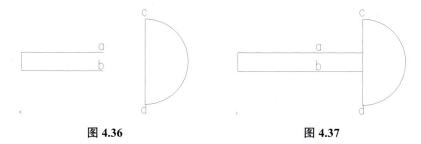

图 4.36　　　　　　　　　图 4.37

命令行提示如下：
EXTEND
当前设置：投影 =UCS，边 = 无
选择边界的边 ...
选择对象或＜全部选择＞：找到 1 个【cd 对象】
选择对象：【按 Space 键】
选择要延伸的对象，或按住 Shift 键选择要修剪的对象，或［栏选（F）/窗交（C）/投影（P）/边（E）/放弃（U）］：【a 对象】
选择要延伸的对象，或按住 Shift 键选择要修剪的对象，或［栏选（F）/窗交（C）/投影（P）/边（E）/放弃（U）］：【b 对象】
选择要延伸的对象，或按住 Shift 键选择要修剪的对象，或［栏选（F）/窗交（C）/投影（P）/边（E）/放弃（U）］：【按 Space 键】

4.9　圆角与倒角

4.9.1　圆角

圆角就是用一段给定半径的平滑圆弧连接两个对象，圆角对象可以是直线、圆弧、二维多段线以及椭圆弧等。

执行【圆角】命令的方法有以下 3 种：
（1）执行【修改】→【圆角】命令，如图 4.38 所示。
（2）单击【修改】工具栏中的【圆角】按钮。
（3）在命令行中输入"fillet"（或"f"），然后按 Space 键。
进行上述操作后，系统将会执行【圆角】命令。命令行提示如下：
命令：f
FILLET

图 4.38

当前设置：模式 = 修剪，半径 =150.0000
选择第一个对象或［放弃（U）/多段线（P）/半径（R）/修剪（T）/多个（M）］：r
指定圆角半径 <150.0000>：100
选择第一个对象或［放弃（U）/多段线（P）/半径（R）/修剪（T）/多个（M）］：

选择第二个对象，或按住 Shift 键选择要应用角点的对象：

选项说明：

多段线（P）：选择多段线，AutoCAD 2014 将以默认的圆角半径对整条多段线相邻各边进行圆角操作。

半径（R）：确定圆角半径。

修剪（T）：确定圆角的修剪状态，系统变量 TRIMMODE 为 0 保持对象不被修剪。

下面通过实例说明如何用【圆角】命令绘制图形：

（1）绘制图 4.39 所示图形。

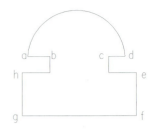

图 4.39

（2）将图 4.39 所示图形通过【圆角】命令编辑成图 4.40 所示图形。

命令行提示如下：

命令：f

FILLET

当前设置：模式 = 修剪，半径 =0.0000

选择第一个对象或［放弃（U）/多段线（P）/半径（R）/修剪（T）/多个（M）］：r【按 Space 键】

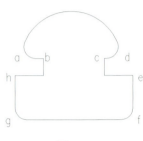

图 4.40

指定圆角半径 <0.0000>：100【按 Space 键】

选择第一个对象或［放弃（U）/多段线（P）/半径（R）/修剪（T）/多个（M）］：【ab 对象】

选择第二个对象，或按住 Shift 键选择要应用角点的对象：【圆弧对象】

命令：FILLET

当前设置：模式 = 修剪，半径 =100.0000

选择第一个对象或［放弃（U）/多段线（P）/半径（R）/修剪（T）/多个（M）］：【cd 对象】

选择第二个对象，或按住 Shift 键选择要应用角点的对象：【圆弧对象】

命令：FILLET

当前设置：模式 = 修剪，半径 =100.0000

选择第一个对象或［放弃（U）/多段线（P）/半径（R）/修剪（T）/多个（M）］：【hg 对象】

选择第二个对象，或按住 Shift 键选择要应用角点的对象：【gf 对象】

命令：FILLET

当前设置：模式 = 修剪，半径 =100.0000

选择第一个对象或［放弃（U）/多段线（P）/半径（R）/修剪（T）/多个（M）］：【gf 对象】

选择第二个对象，或按住 Shift 键选择要应用角点的对象：【ef 对象】

4.9.2　倒角

倒角就是用线连接两个不平行的对象，【倒角】命令与【圆角】命令有很多相似的地方。可以进行倒角的对象有直线、多段线、射线和构造线等。

执行【倒角】命令的方法有以下 3 种：

（1）执行【修改】→【倒角】命令，如图 4.41 所示。

（2）单击【修改】工具栏中的【倒角】按钮 。

（3）在命令行中输入"chamfer"（或"cha"），然后按 Space 键。

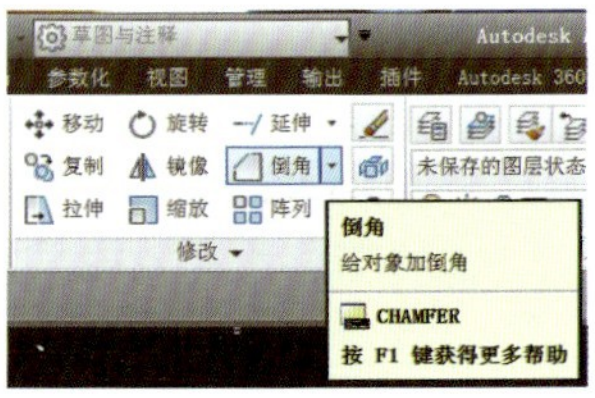

进行上述操作后，系统将会执行【倒角】命令。命令行提示如下：

命令：CHAMFER

图 4.41

（"修剪"模式）当前倒角距离 1=0.0000，距离 2=0.0000

选择第一条直线或 [放弃（U）/多段线（P）/距离（D）/角度（A）/修剪（T）/方式（E）/多个（M）]：

选项说明：

多段线（P）：对整条多段线每个可倒角的相邻边进行倒角。

距离（D）：确定倒角距离。

角度（A）：确定第一倒角距离和角度。

修剪（T）：确定倒角的修剪状态。

方式（E）：确定进行倒角的方式。

下面通过实例说明如何用【倒角】命令绘制图形：

（1）绘制图 4.42 所示图形。

（2）将图 4.42 所示图形通过执行【倒角】命令编辑成图 4.43 所示图形。

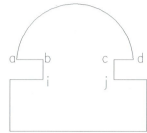

图 4.42

命令行提示如下：

命令：cha

CHAMFER

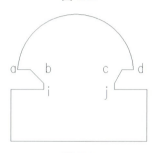

图 4.43

（"修剪"模式）当前倒角距离 1=0.0000，距离 2=0.0000

选择第一条直线或 [放弃（U）/多段线（P）/距离（D）/角度（A）/修剪（T）/方式（E）/多个（M）]：d【按 Space 键】

指定第一个倒角距离 <0.0000>：100【按 Space 键】

指定第二个倒角距离 <100.0000>：100【按 Space 键】

选择第一条直线或 [放弃（U）/多段线（P）/距离（D）/角度（A）/修剪（T）/方式（E）/多个（M）]：【ab 对象】

选择第二条直线，或按住 Shift 键选择要应用角点的直线：【bi 对象】

命令：CHAMFER

（"修剪"模式）当前倒角长度 =0.0000，角度 =0

选择第一条直线或 [放弃（U）/多段线（P）/距离（D）/角度（A）/修剪（T）/方式（E）/多个（M）]：a【按 Space 键】

指定第一条直线的倒角长度 <100.0000>：100【按 Space 键】

指定第一条直线的倒角角度 <60>：30【按 Space 键】

选择第一条直线或 [放弃（U）/多段线（P）/距离（D）/角度（A）/修剪（T）/方式（E）/多个（M）]：【dj 对象】

选择第二条直线，或按住 Shift 键选择要应用角点的直线：【cd 对象】

4.10 打断、分解与合并

4.10.1 打断

打断就是将所选对象上的某一部分删除，将选择的对象分为两个相互独立的对象，打断后的对象之间可以有间隙，也可以没有间隙。

执行【打断】命令的方法有以下 3 种：

（1）执行【修改】→【打断】命令，如图 4.44 所示。

图 4.44

（2）单击【修改】工具栏中的【打断】按钮。

（3）在命令行中输入"break"（或"br"），然后按 Space 键。

进行上述操作后，系统将会执行【打断】命令。命令行提示如下：

命令：BREAK

选择对象：

指定第二个打断点 或 [第一点（F）]：100

下面通过实例说明如何用【打断】命令绘制图形。

（1）绘制图 4.45 所示图形。

（2）将图 4.45 所示图形通过执行【打断】命令编辑成图 4.46 所示图形。

图 4.45

命令行提示如下：

命令：br

BREAK 选择对象：【ab 对象】

指定第二个打断点 或 [第一点（F）]：f【按 Space 键】

指定第一个打断点：_from 基点：【a 点】＜偏移＞：@500，0【按 Space 键】

指定第二个打断点：@500，0【按 Space 键】

图 4.46

4.10.2 分解

分解就是将一个独立的合成对象分解为部件对象。分解前的对象只能对整体进行编辑，分解后则可对对象的每个部件对象进行编辑。填充命令、插入的块标注、多段线都作为单独个体存在，如果要对其进行编辑，需要先进行分解。

执行【分解】命令的方法有以下 3 种：

（1）执行【修改】→【分解】命令，如图 4.47 所示。

（2）单击【修改】工具栏中的【分解】按钮。

（3）在命令行输入"explode"（或"x"），然后按 Space 键。

进行上述操作后，系统将会执行【分解】命令。命令行提示如下：

命令：x

EXPLODE

选择对象：指定对角点：找到 1 个

选择对象：

图 4.47

4.10.3 合并

【合并】与【分解】是一对相反的命令，但合并不是分解的反操作。合并是将部件对象合并成为一个独立的对象。

执行【合并】命令的方法有以下 3 种：

（1）执行【修改】→【合并】命令，如图 4.48 所示。

（2）单击【修改】工具栏中的【合并】按钮。

（3）在命令行中输入"join"，然后按 Space 键。

进行上述操作后，系统将会执行【合并】命令。命令行提示

图 4.48

如下：

命令：join

选择源对象：

选择要合并到源的直线：找到 1 个

选择要合并到源的直线：

已将 1 条直线合并到源

4.11 夹点

夹点是一些实心的小方框，是另一种编辑图形的方法。在启用夹点的情况下选定对象，所选对象的关键点上将出现夹点。

4.11.1 夹点的设置

启用夹点的方法：在命令行输入"options"，然后按 Space 键，切换到【选择集】选项卡，如图 4.49 所示。

在【夹点】组合框中选中【启用夹点】复选框后单击【确定】按钮即可启用夹点。通过该选项组中的其他选项，可以设置选中和未选中夹点的颜色，并可调节夹点的大小。

图 4.49

4.11.2 夹点的编辑

使用夹点进行编辑首先要选择作为基点的夹点，这个被选定的夹点称为基夹点，然后选择一种夹点编辑模式：

（1）利用夹点拉伸对象；

（2）利用夹点移动对象；

（3）利用夹点旋转对象；

（4）利用夹点缩放对象；

（5）利用夹点镜像对象。

选择时，先用窗交方式选取所要编辑的对象，此时可以看到夹点了，再按住 Shift 键，依次选取蓝色夹点。选取完成后，再选取激活圆心 1 处的夹点即可。

利用夹点功能将图 4.50 所示图形编辑成图 4.51 所示图形。

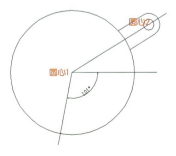

图 4.50

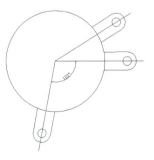

图 4.51

命令行提示如下：

命令：

拉伸

指定拉伸点或［基点（B）/复制（C）/放弃（U）/退出（X）］：ro

旋转

指定旋转角度或［基点（B）/复制（C）/放弃（U）/参照（R）/退出（X）］：c

旋转（多重）

指定旋转角度或［基点（B）/复制（C）/放弃（U）/参照（R）/退出（X）］：r

指定参照角 <0>：

指定第二点：【分别拾取圆心 1 和圆心 2】

旋转（多重）

指定新角度或［基点（B）/复制（C）/放弃（U）/参照（R）/退出（X）］：【水平线上任意拾取一点】

旋转（多重）

指定新角度或［基点（B）/复制（C）/放弃（U）/参照（R）/退出（X）］：【按 Space 键】

命令：

拉伸

指定拉伸点或［基点（B）/复制（C）/放弃（U）/退出（X）］：ro

旋转

指定旋转角度或［基点（B）/复制（C）/放弃（U）/参照（R）/退出（X）］：c

旋转（多重）

指定旋转角度或［基点（B）/复制（C）/放弃（U）/参照（R）/退出（X）］：b

指定基点：

旋转（多重）

指定旋转角度或［基点（B）/复制（C）/放弃（U）/参照（R）/退出（X）］：-101

旋转（多重）

指定旋转角度或［基点（B）/复制（C）/放弃（U）/参照（R）/退出（X）］：【按 Space 键】

4.12 面域与边界

4.12.1 面域

1. 面域的创建

面域就是内部可以包含孔的具有物理特性的二维闭合区域，是一个面对象，由内环和外环组成。环必须是一个闭合区域，可以通过面域来计算面积。

执行【面域】命令的方法有以下 3 种：

（1）执行【绘图】→【面域】命令，如图 4.52 所示。

（2）单击【绘图】工具栏中的【面域】按钮。

（3）在命令行中输入"region"，然后按 Space 键。

图 4.52

进行上述操作后,系统将会执行【面域】命令。命令行提示如下:

命令:region

选择对象:找到 1 个

选择对象:

已提取 1 个环

已创建 1 个面域

可以通过创建面域前、后夹点的不同显示来观察对象是不是已经创建了面域,创建面域前的夹点显示比创建面域后的夹点显示多,如图 4.53 所示。

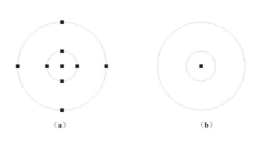

图 4.53

(a)创建面域前的夹点显示;(b)创建面域后的夹点显示

2. 面域的操作

面域的操作包括面域的布尔运算和面域数据的提取。

面域的布尔运算就是指面域的并集、交集和差集,可以应用于实体和共面的面域,普通线条无法使用布尔运算。

(1)并集:并集就是将多个实体组合成一个实体,并将内部的边界删除。

执行【并集】命令的方法如下:在命令行中输入"union",然后按 Space 键。

进行上述操作后,系统将会执行【并集】命令。命令行提示如下:

命令:union

选择对象:

指定对角点:找到 4 个

选择对象:

下面通过实例说明如何用【并集】命令绘制图形:

①绘制图 4.54 所示图形。

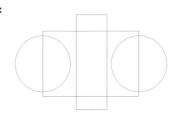

图 4.54

②将图 4.54 所示图形通过执行【并集】命令编辑成图 4.55 所示图形。

命令行提示如下:

命令:region

选择对象:

指定对角点:找到 4 个【选中原始图形对象】

选择对象:【按 Space 键】

已提取 4 个环

已创建 4 个面域

命令:union

选择对象:

指定对角点:找到 4 个【选中面域对象】

选择对象:【按 Space 键】

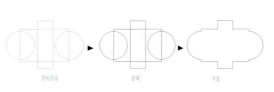

图 4.55

(2)交集:交集就是将多个实体组合成一个实体,被保留下来的是实体的公共部分。

执行【交集】命令的方法:在命令行中输入"intersect",然后按 Space 键。

进行上述操作后,系统将会执行【交集】命令。命令行提示如下:

命令:intersect

选择对象:

指定对角点:找到 2 个

选择对象:

下面通过实例说明如何用【交集】命令绘制图形：

①绘制图 4.56 所示图形。

②将图 4.56 所示图形通过执行【交集】命令编辑成图 4.57 所示图形。

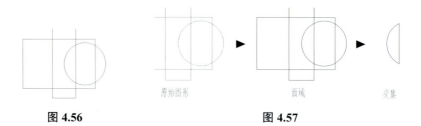

图 4.56　　　　　　　图 4.57

命令行提示如下：

命令：region

选择对象：指定对角点：找到 3 个【选中原始图形对象】

选择对象：【按 Space 键】

已提取 3 个环

已创建 3 个面域

命令：intersect

选择对象：指定对角点：找到 3 个【选中面域对象】

选择对象：【按 Space 键】

（3）差集：差集就是将一个实体从另外一个实体中减去。

执行【差集】命令的方法：在命令行中输入"subtract"，然后按 Space 键。

进行上述操作后，系统将会执行【差集】命令。命令行提示如下：

命令：subtract

选择要从中减去的实体或面域 ...

选择对象：找到 1 个

选择对象：选择要减去的实体或面域 ...

选择对象：指定对角点：找到 2 个

选择对象：

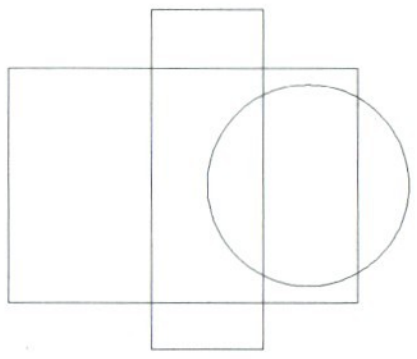

下面通过实例说明如何用【差集】命令绘制图形。

①绘制图 4.58 所示图形。

②将图 4.58 所示图形通过执行【差集】命令编辑成图 4.59 所示图形。

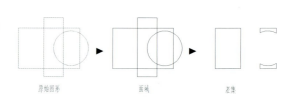

图 4.58

图 4.59

命令行提示如下：

命令：region

选择对象：指定对角点：找到 3 个【选中原始图形对象】

选择对象：【按 Space 键】

已提取 3 个环

已创建 3 个面域

命令：subtract

选择要从中减去的实体或面域 ...

选择对象：找到 1 个【选中大矩形对象，按 Space 键】

选择对象：选择要减去的实体或面域 ..
选择对象：指定对角点：找到 2 个【选中小矩形和圆形对象】
选择对象：【按 Space 键】

4.12.2 边界的创建

边界就是一个封闭区域，可以在此区域内创建面域或多段线，可以查询边界的相关特性，或将其生成三维对象。

执行【边界】命令的方法有以下两种：

（1）执行【绘图】→【边界】命令，如图 4.60 所示。

（2）在命令行中输入"boundary"，然后按 Space 键。

进行上述操作后，系统将会弹出【边界创建】对话框，如图 4.61 所示。

下面通过实例说明如何创建边界：

（1）绘制图 4.62 所示图形。

（2）将图 4.62 所示图形通过【边界】命令编辑成图 4.63 所示图形。

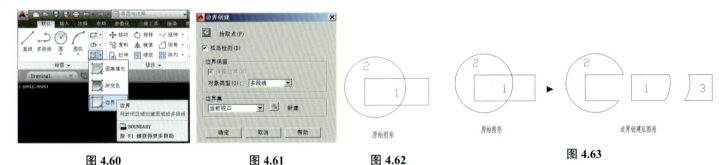

图 4.60　　　　　图 4.61　　　　　图 4.62　　　　　图 4.63

命令行提示如下：
命令：boundary
拾取内部点：正在选择所有对象 ...【单击 1 区域】
正在选择所有可见对象 ...
正在分析所选数据 ...
正在分析内部孤岛 ...

拾取内部点：【单击 2 区域】
正在分析内部孤岛 ...
拾取内部点：【单击 3 区域】
正在分析内部孤岛 ...
拾取内部点：【按 Space 键】
BOUNDARY 已创建 3 个多段线

 本章小结

熟练使用 AutoCAD 2014 的二维图形的绘制命令和编辑命令，能够快速、准确地进行图纸的绘制。本章学习内容涵盖了拉伸、剪切、延伸、倒角等编辑命令的使用方法，熟练使用这些命令、灵活应用这些命令才能达到学习 AutoCAD 2014 的目的。视图的控制和管理是经常使用到的基本命令，学习了这些命令，能更好地操作 AutoCAD 2014，完成制图和建模。

 思考与实训

根据书中实例，用多种方法进行图形的绘制并进行编辑。

CHAPTER FIVE

第 5 章　图层管理、特性查询、图块的定义和编辑

> **知识目标**
>
> 为了更好地进行 AutoCAD 绘图，AutoCAD 2014 在工具中设置了图层管理、特性查询、图块的定义和编辑等命令。使用这些命令能够更好地对绘制的图纸内容进行管理和查询，认识并掌握这些命令，能够有效提升绘图的质量和速度。

> **能力目标**
>
> 1．能够熟练地通过图层的使用，快速地查找和编辑图层中的图形；
> 2．能够对特定的图形进行面积、长度等基本信息的查询；
> 3．能够对可以重复使用的图形文件进行块的编辑，形成图块库，快捷地进行图纸的绘制。

5.1 图层

图层是 AutoCAD 2014 中管理图形的有效工具之一，它可以将不同种类和用途的图形分别置于不同的图层，从而实现相同种类图形的统一管理。AutoCAD 2014 提供了大量的图层管理功能，通过创建图层，可以在同一个图层上绘制类型相似的对象并使其互相关联。它可以控制以下 5 种操作：

（1）指定图层上对象的名称颜色、线型和线宽。
（2）控制图层的开和关、锁定和解锁以及冻结和解冻等情况。
（3）控制图层的打印情况。
（4）按视口替代图层。
（5）控制对象特性在视口中的显示情况。

利用图层绘制图形不仅可以节省空间，区分各类线性，而且能为修改带来方便。

在使用 AutoCAD 2014 绘图时，常会用到不同用途的线，可以根据自己的需要创建各个图层，将相似的对象指定在同一个图层上，使之互相关联。

调用图层的方法有以下 3 种：

（1）执行【格式】→【图层】命令，如图 5.1 所示。

图 5.1

第 5 章　图层管理、特性查询、图块的定义和编辑　　067

（2）在命令行中输入"layer"，然后按 Space 键。

（3）单击【图层】工具栏中的【图层特性管理器】按钮。

进行上述操作后，系统会打开【图层特性管理器】对话框，如图 5.2 所示，可以在该对话框中设置图层的各项特性。

提示：AutoCAD 2014 提供了一个默认的"0"图层。在没有新建图层时，图形对象是绘制在"0"图层上的，而"0"图层是不可删除的，只能修改其设置。

图 5.2

5.1.1　图层的新建

图层的新建要在打开【图层特性管理器】对话框之后才能进行，新建图层的方法有以下几种：

（1）单击"新建"按钮，就会新建一个图层，如图 5.3 所示。

（2）按"Alt+N"组合键，就会新建一个图层。

（3）选中任意图层单击鼠标右键，选择【新建图层】命令，如图 5.4 所示。

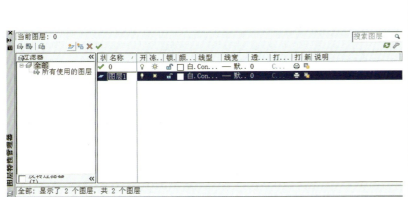

图 5.3

图 5.4

（4）可以在新建一个图层后连续按下两次 Enter 键，如图 5.5 所示。

执行上述操作后，单击【图层特性管理器】对话框下方的【确定】按钮即可创建新图层。

图 5.5

5.1.2　图层的合并与删除

1. 合并图层

合并图层就是将两个或多个图层合并到一个图层上，并将原来的图层删除。

合并图层的方法有以下两种：

（1）执行【默认】→【图层工具】→【图层合并】命令，如图 5.6 所示。

（2）在命令行中输入"laymrg"，然后按 Space 键。

进行上述操作后，系统就会执行【图层合并】命令。

下面通过实例说明如何合并图层：

（1）绘制图 5.7 所示图形。

（2）将图 5.7 所示图形通过【图层合并】命令编辑成图 5.8 所示图形。

图 5.6　　　　　　　　图 5.7　　　　　　图 5.8

命令行提示如下：

命令：laymrg

选择要合并的图层上的对象或［命名（N）］：

选定的图层：WALL。

选择要合并的图层上的对象或［名称（N）/放弃（U）］：

选定的图层：WALL，FIN。

选择要合并的图层上的对象或［名称（N）/放弃（U）］：【按 Space 键】

选择目标图层上的对象或［名称（N）］：

将要把 2 个图层合并到图层"CEN"中。【按 Space 键】

是否继续？［是（Y）/否（N）］<否（N）>：y【按 Space 键】

删除图层"WALL"

删除图层"FIN"

已删除 2 个图层

2．图层的删除

删除图层的方法有以下两种：

（1）执行【默认】→【图层工具】→【图层删除】命令，如图 5.9 所示。

（2）在命令行中输入"laydel"，然后按 Space 键。命令行提示如下：

命令：laydel

选择要删除的图层上的对象或［名称（N）］：

选定的图层：CEN

选择要删除的图层上的对象或［名称（N）/放弃（U）］：

将要从该图形中删除图层"CEN"

是否继续？［是（Y）/否（N）］<否（N）>：y

删除图层"CEN"

图 5.9

已删除 1 个图层

在打开【图层特性管理器】对话框之后，选中要删除的图层，删除图层的方法有以下 4 种：

①单击【删除】按钮 ✖ 。

②按"Alt+D"组合键。

③按 Delete 键。

④单击鼠标右键，从弹出的快捷菜单中选择【删除图层】命令，如图 5.10 所示。

执行上述操作后，就会删除所选图层，如图 5.11 所示。

提示：当前层、"0"图层、依赖外部参照的图层和包含对象的图层这 4 种图层是不能删除的。

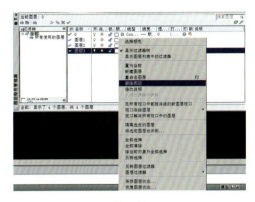

图 5.10

图 5.11

5.1.3 当前图层的设置与更改

1. 设置当前图层

所有绘制的图形均对应在当前图层内，因此，要将图形归类于不同图层，应先将拟编辑的图层定义为当前图层。

设置当前图层的方法有以下 3 种：

（1）执行【默认】→【图层工具】→【将对象的图层设为当前图层】命令，如图 5.12 所示。

（2）单击【图层】工具栏中的【将对象的图层设为当前图层】按钮 。

（3）在命令行中输入"laymcur"，然后按 Space 键。命令行显示如下：

命令：laymcur

选择将使其图层成为当前图层的对象：0【现在为当前图层】。

图 5.12

设置当前图层

在打开【图层特性管理器】对话框之后设置当前图层的方法有以下 4 种：

选取图层后：

①单击【置为当前】按钮 。

②按"Alt+C"组合键。

③双击选中的图层名称。

④单击鼠标右键，从弹出的快捷菜单中选择【置为当前】命令，如图 5.13 所示。

进行上述操作后，【图层】工具栏中的【应用的过滤器】下拉列表中将显示置为当前的图层名称。

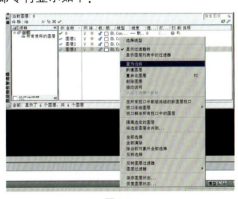

图 5.13

2. 更改为当前图层

更改为当前图层的方法有以下 3 种：

（1）执行【格式】→【图层工具】→【更改为当前图层】命令，如图 5.14 所示。

（2）单击【图层】工具栏中的【更改为当前图层】按钮 。

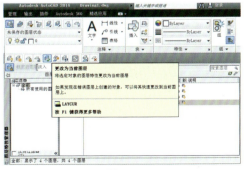

图 5.14

图 5.17　　　　　　　　　　　　　　图 5.18

5.1.7　设定图层的线型及线宽

1. 线型的设置

（1）在【图层特性管理器】中，单击【线型】按钮，弹出【选择线型】对话框。显示出已加载的线型，可供使用，其右侧显示出线型的外观及说明，如图 5.19 所示。

（2）单击【选择线型】对话框下的【加载】按钮，弹出【加载或重载线型】对话框，如图 5.20 所示。

　　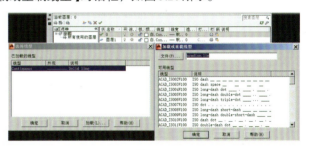

图 5.19　　　　　　　　　　　　　　图 5.20

（3）在【加载或重载线型】对话框中，可以根据图形的需要选择线型的种类。选择完毕后，单击【确定】按钮，将所设置的线型种类应用到图形设计中。

2. 线宽的设置

（1）在【图层特性管理器】中，单击━━默认，弹出【线宽】对话框，如图 5.21 所示。

（2）在【线宽】对话框中，可选择图形线型的宽度，选择完毕后，单击【确定】按钮，将所设置的线宽应用到图形设计中。

图 5.21

5.1.8　图层匹配

图层匹配就是将选定的对象从一个图层匹配到另一个图层上，匹配后原图层上将删除该图形。

调用【图层匹配】命令的方法有以下 3 种：

（1）执行【默认】→【图层工具】→【图层匹配】命令，如图 5.22 所示。

（2）单击【图层】工具栏中的【图层匹配】按钮。

（3）在命令行中输入"laymch"，然后按 Space 键。

进行上述操作后，系统就会执行【图层匹配】命令。命令行提

图 5.22

示如下：

命令：laymch

选择要更改的对象：

选择对象：找到 1 个

选择对象：

选择目标图层上的对象或 [名称（N）]：

一个对象已更改到图层"DOOR"上。

5.1.9 图层关闭与打开所有图层

1. 图层关闭

调用【图层关闭】命令的方法有以下 3 种：

（1）执行【默认】→【图层工具】→【图层关闭】命令，如图 5.23 所示。

（2）单击【图层】工具栏中的【图层关闭】按钮。

（3）在命令行中输入"layoff"，然后按 Space 键。

进行上述操作后，系统就会执行【图层关闭】命令。命令行提示如下：

命令：layoff

当前设置：视口 =Off，块嵌套级别 =Block

选择要关闭的图层上的对象或 [设置（S）/ 放弃（U）]：

已经关闭图层"DOOR"

选择要关闭的图层上的对象或 [设置（S）/ 放弃（U）]：

图 5.23

2. 打开所有图层

调用【打开所有图层】命令的方法有以下两种：

（1）执行【默认】→【图层工具】→【打开所有图层】命令，如图 5.24 所示。

（2）在命令行中输入"layon"，然后按 Space 键。

进行上述操作后，系统就会执行【打开所有图层】命令。命令行提示如下：

命令：layon

所有图层均已打开。

图 5.24

5.1.10 图层冻结与解冻所有图层

1. 图层冻结

调用【图层冻结】命令的方法有以下 3 种：

（1）执行【默认】→【图层工具】→【图层冻结】命令，如图 5.25 所示。

（2）单击【图层】工具栏中的【图层冻结】按钮。

（3）在命令行中输入"layfrz"，然后按 Space 键。

进行上述操作后，系统就会执行【图层冻结】命令。命令行提示如下：

命令：layfrz

当前设置：视口 =Vpfreeze，块嵌套级别 =Block

图 5.25

第 5 章 图层管理、特性查询、图块的定义和编辑

选择要冻结的图层上的对象或［设置（S）/放弃（U）］：

图层"DOOR"已冻结

选择要冻结的图层上的对象或［设置（S）/放弃（U）］：

2. 解冻所有图层

调用【解冻所有图层】命令的方法有以下两种：

（1）执行【默认】→【图层工具】→【解冻所有图层】命令，如图 5.26 所示。

（2）在命令行中输入"laythw"，然后按 Space 键。

进行上述操作后，系统会执行【解冻所有图层】命令。命令行提示如下：

命令：laythw

所有图层均已解冻。

图 5.26

5.1.11 图层锁定与图层解锁

1. 图层锁定

调用【图层锁定】命令的方法有以下 3 种：

（1）执行【默认】→【图层工具】→【图层锁定】命令，如图 5.27 所示。

（2）单击【图层】工具栏中的【图层锁定】按钮 。

（3）在命令行中输入"laylck"，然后按 Space 键。

进行上述操作后，系统就会执行【图层锁定】命令。命令行提示如下：

命令：laylck

选择要锁定的图层上的对象：

图层"DOOR"已锁定。

图 5.27

2. 图层解锁

调用【图层解锁】命令的方法有以下 3 种：

（1）执行【默认】→【图层工具】→【图层解锁】命令，如图 5.28 所示。

（2）单击【图层】工具栏中的【图层锁定】按钮 。

（3）在命令行中输入"layulk"，然后按 Space 键。

进行上述操作后，系统就会执行【图层解锁】命令。命令行提示如下：

命令：layulk

选择要解锁的图层上的对象：

图层"DOOR"已解锁。

图 5.28

5.2 特性

在 AutoCAD 2014 所绘制的图中，不同的图形对应不同的特性，这在修改不同图层之间的图形时能起到非常重要的作用。

5.2.1 对象特性

【特性】面板在图层中使用得较多，可以将绘错图层的图形以最简单的方式改换到正确的图层

上，并具有正确图层所具有的特性。

调用【特性】面板的方法有以下两种：

（1）执行【默认】→【选项板】→【特性】命令，如图 5.29 所示。

（2）在命令行中输入"properties"，然后按 Space 键。

进行上述操作后，系统就会打开【特性】面板，如图 5.30 所示。

使用【特性】面板可以快速地修改对象的属性。

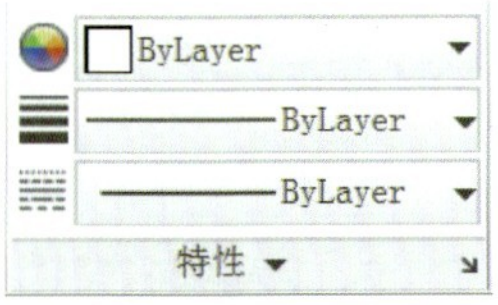

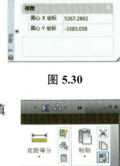

图 5.29

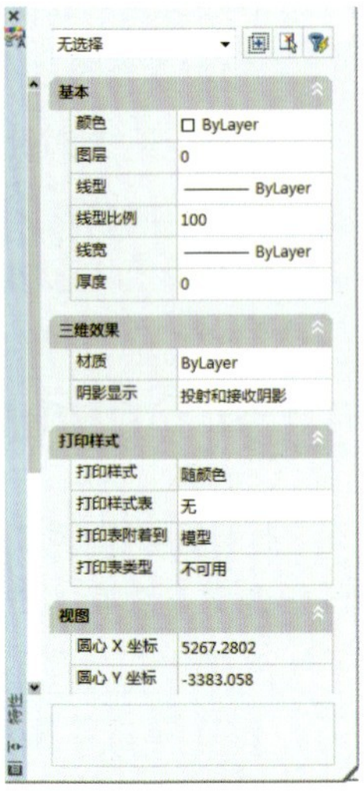

5.2.2 特性匹配

特性匹配就是将选定对象的特性匹配到其他对象，使其他对象与选定对象的特性相同。

调用【特性匹配】命令的方法有以下 3 种：

（1）执行【默认】→【特性匹配】命令，如图 5.31 所示。

（2）单击标准工具栏中的【对象特性】按钮。

（3）在命令行中输入"matchprop"（或"ma"），然后按 Space 键。

进行上述操作后，系统就会执行【特性匹配】命令。命令行提示如下：

命令：ma

MATCHPROP

选择源对象：

当前活动设置：颜色 图层 线型 线型比例 线宽 厚度 打印样式 标注 文字 填充图案 多段线 视口 表格材质 阴影显示 多重引线

选择目标对象或［设置（S）］：

选择目标对象或［设置（S）］：

图 5.30

下面通过实例说明如何进行特性匹配的操作：

（1）绘制图 5.32 所示图形。

（2）将图 5.32 所示图形通过执行【特性匹配】命令编辑成图 5.33 所示图形。

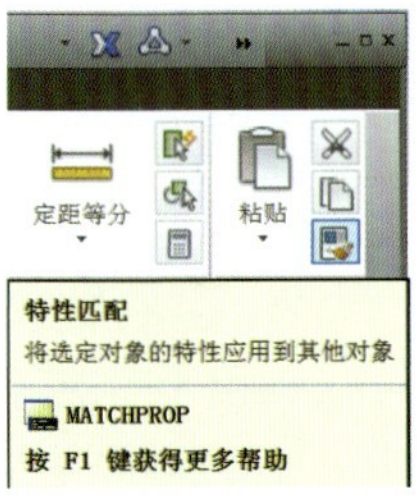

图 5.31

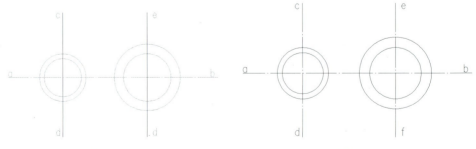

图 5.32　　　　　　　　　　　图 5.33

命令行提示如下：

命令：ma

MATCHPROP

选择源对象：【选取 ab】

当前活动设置：颜色 图层 线型 线型比例 线宽 厚度 打印样式 标注 文字 填充图案 多段线 视口 表格材质 阴影显示 多重引线

选择目标对象或［设置（S）］：【单击 cd】

选择目标对象或［设置（S）］：【单击 ef】
选择目标对象或［设置（S）］：【按 Space 键】

5.3 图块

对于工程制图里的一些常用图形，常采用图块保存，这样可以方便地在当前文件或不同的图形文件中重复调用。

5.3.1 图块的概念和作用

图块是具有名字的一个或多个图形对象的集合。组成图块的各个对象可以有各自的图层、线型、颜色等特征，但 AutoCAD 2014 将其作为一个独立的、完整的对象来操作。

图块的作用及特点如下：

（1）图块具有可重复性。在设计中将重复出现的图形定义成图块保存，可以根据需要在不同的位置任意多次插入图块，以避免大量的重复工作，提高绘图效率。

（2）便于修改图形。在方案设计、技术改造等工程项目中需要反复地修改图形，只要对已定义的图块进行修改，AutoCAD 2014 就会自动更新插入的图块。

（3）节省存储空间。在图形的数据库中，插入当前图形中的同名图块只存储为一个块定义，而不记录重复的构造信息，可以大大地节省磁盘空间。

（4）便于携带。AutoCAD 2014 允许把属性附加到图块上，即加入文本信息。使用图块可以提高绘图的速度，节省存储空间，便于修改图形。

5.3.2 创建图块

创建图块（简称"块"）是指把图层的不同特性对象组合成一个集合保存在图形文件中。

调用【创建块】命令的方法有以下 3 种：

（1）执行【插入】→【块定义】→【创建块】命令，如图 5.34 所示。

（2）单击绘图工具栏中的【创建块】按钮。

（3）在命令行中输入"block"或"bmake"，然后按 Space 键，通过"block"命令创建的块仅能应用于一个 AutoCAD 2014 文件中，不能进行文件与文件之间的图块共享。

图 5.34

进行上述操作后，系统就会打开【块定义】对话框，如图 5.35 所示，可以在该对话框中设置块的各项特性。

下面通过实例说明如何进行创建图块的操作：

（1）绘制图 5.36 所示图形。

（2）将图 5.36 所示图形通过创建图块的操作编辑成图 5.37 所示图形。

具体操作如下：

①命名图块名称，如图 5.38 所示。

图 5.35

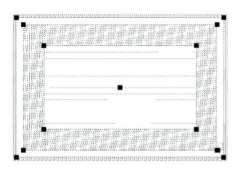
图 5.36

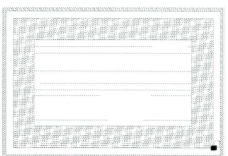
图 5.37

图 5.38

②拾取点"a",如图 5.39 所示。

③选择对象,如图 5.40 所示。

图 5.39

图 5.40

④单击【确定】按钮完成图块的创建。

提示:用户最好在"0"图层创建图块,而不要在"0"图层绘图,图形都应绘制在其他图层。这样在当前图层插入图块时,线型、颜色等就都会随着图层的改变而改变。

5.3.3 插入图块

创建好图块后可以按照指定的位置、比例和角度将其插入图形文件。

调用【插入块】功能的方法有以下 3 种:

(1)执行【插入】→【块】命令,如图 5.41 所示。

(2)单击绘图工具栏中的【插入块】按钮。

(3)在命令行中输入"insert",然后按 Space 键。

进行上述操作后,系统就会打开【插入】对话框,如图 5.42 所示,可以在该对话框中设置插入块的各个选项。

图 5.41

图 5.42

若选中【分解】复选框,则可设定插入块为相互分离的各部分,然后单击【确定】按钮即可。

5.3.4 分解图块

如果要在插入图块后对图块进行编辑，可以采用分解图块的办法。

调用【分解】命令的方法有以下 3 种：

（1）执行【默认】→【修改】→【分解】命令，如图 5.43 所示。
（2）单击修改工具栏中的【分解】按钮 。
（3）在命令行中输入"explode"（或"x"），然后按 Space 键。

进行上述操作后，就可以分解图块。命令行提示如下：

命令：x
EXPLODE
选择对象：找到 1 个
选择对象：按 Enter 键确认

图 5.43

5.3.5 存储图块

将当前图形中的图块或者图形存为图形文件，可便于引用到其他图形文件当中。在命令行中可输入"wblock"（或"w"），然后按 Space 键，弹出【写块】对话框，如图 5.44 所示。

【写块】对话框部分功能如下：

【源】选项区域中：

【块】表示可以使"wblock"命令创建的图块存入磁盘。如文件已经存在用"block"命令创建的图块，可以将该图块进行存储，以便于文件与文件之间的共同使用。

【整个图形】表示可以将全部图形存入磁盘。

【对象】表示将指定的对象存入磁盘。

图 5.44

【目标】下的【文件名和路径】下拉列表框中可以设置块保存的路径和文件名称。

设置完毕后，单击【确定】按钮完成图块的存储。

5.3.6 图块的重命名

如果已经创建好图块，要重新命名，方法为：在命令行中输入"rename"，然后按 Space 键。

进行上述操作后，系统会弹出【重命名】对话框，如图 5.45 所示。可以在该对话框中对图块名进行修改。

图 5.45

5.3.7 图块的属性

属性用于描述图块的特性，包括标记、插入图块时的显示信息、文字格式、图块中的位置和模式等。

1. 块属性定义

块属性的创建就是将与图块关联的属性数据、文字信息等提取到文件中的过程。

调用【属性定义】对话框的方法有以下两种：

（1）执行【绘图】→【块】→【定义属性】命令，如图5.46所示。

（2）在命令行中输入"attdef"，然后按Space键。

进行上述操作后，系统会打开【属性定义】对话框，如图5.47所示。

【模式】：在该选项组中，选择【不可见】复选框表示图块的属性值在图中将不显示出来；选择【固定】复选框表示在插入图块时，该属性值将保持不变；选择

图 5.46

图 5.47

【验证】复选框表示在插入图块时，AutoCAD 2014将提示用户检验所输入的属性值是否正确；选择【预置】复选框表示在定义属性时，要求用户为属性设定一个初始默认值。

【属性】：在该选项组中，【标记】【提示】和【默认】用于设置参数属性。定义属性时，AutoCAD 2014要求用户在【标记】文本框中输入除空格及感叹号之外的任何字符作为属性标记，且属性标记不可为空。

【插入点】：用户可以选择【在屏幕上指定】复选框，然后在绘图区内用光标选择一个点作为属性文本的插入点。也可以直接在【X】【Y】【Z】文本框中输入插入点的坐标值。

【文字设置】：用户可以在【对正】和【文字样式】下拉列表框中确定属性文本的对齐方式和样式；也可在【文字高度】和【旋转】文本框中设定相应的参数，以确定属性文本的高度和旋转角度。

完成【属性定义】对话框中的各项设置后，单击【确定】按钮，即可完成一个图块属性的定义。可用此方法定义多个属性。

2. 块属性编辑器

调用【块属性编辑器】的方法有以下两种：

（1）执行【默认】→【块】→【编辑属性】→【单个】命令，如图5.48所示。

（2）在命令行中输入"eattedit"，然后按Enter键。通过鼠标选择需要编辑的图块，然后进行图块属性的编辑操作。

3. 块属性管理器

调用【块属性管理器】的方法有以下3种：

（1）单击【修改】→【对象】→【属性】→【块属性管理器】命令，如图5.49所示。

（2）单击【修改】工具栏中的【块属性管理器】按钮。

（3）在命令行中输入"battman"，然后按Space键。

图 5.48

图 5.49

5.3.8 块编辑器

调用【块编辑器】的方法有以下3种：

（1）执行【工具】→【块编辑器】命令，如图5.50所示。

（2）单击标准工具栏中的【块编辑器】按钮。

（3）在命令行中输入"bedit"，然后按Space键。

图 5.50

进行上述操作后系统会打开【编辑块定义】对话框，如图 5.51 所示。

在【编辑块定义】对话框中可以从图形中保存的块定义列表中选择要在块编辑器中编辑的图块的名称，也可以输入创建的新图块的名称。

单击【确定】按钮后关闭【编辑块定义】对话框，将在指定的块编辑器中编辑或创建图块的名称，如图 5.52 所示。

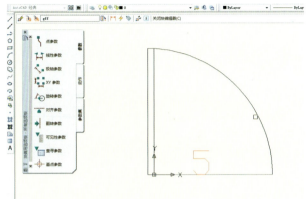

图 5.51　　　　　　　　　　　　　　　　图 5.52

在块编辑器中打开选定的块定义或新的块定义，保存修改后，所有的图块都将更新为修改后的新图形。

5.3.9　外部参照

1. 外部参照的调用与管理

外部参照是把一个图形文件附加到当前工作的图形文件中。被插入的图形文件信息并不直接加到当前的图形文件中，只记录了应用的关系。只有外部参照改变时，当前文件中的参照图形才会随之发生相应的变化，并且生成的图形不会显著地增加文件的大小，外部参照常用于分工协作的项目。

打开【外部参照】选项板的方法有以下两种：

（1）执行【插入】→【参照】命令，如图 5.53 所示。

（2）在命令行中输入"xattach"，然后按 Enter 键。

进行上述操作后系统会打开【外部参照】选项板，如图 5.54 所示。

AutoCAD 2014 使用【外部参照】选项板进行外部参照管理。单击【附着】按钮，将会弹出【选择参照文件】对话框，如图 5.55 所示。

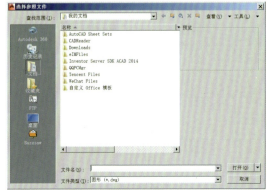

图 5.53　　　　　　　图 5.54　　　　　　　　图 5.55

在【名称】栏中可以根据需要选择要参照的图形文件，然后单击【打开】按钮，将会弹出【附着外部参照】对话框，如图 5.56 所示。

单击 按钮，可以在列表框中选择参照的图形文件。若右侧的【保留路径】复选框被选中，则显示的图形名将包含路径。

可以在【参照类型】选项组中选择参照图形文件附着的类型。也可以在【插入点】选项组中选择是否在屏幕上指定"插入点"，在【比例】选项组中选择是否在屏幕上指定"比例"，在【旋转】选项组中选择是否在屏幕上指定"旋转角度"等。

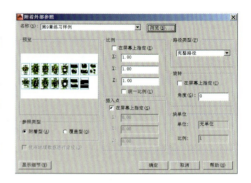

图 5.56

单击 按钮，即可回到屏幕上。如果用户选择的是【在屏幕上指定】复选框，单击就可以将要参照的文件附着在当前文件上。

2．外部参照的在位编辑

调用【外部参照的在位编辑】功能的方法有以下 3 种：

（1）单击【参照编辑】工具栏中的【在位编辑参照】按钮 。

（2）在命令行中输入"refedit"，然后按 Space 键。

（3）执行【工具】→【外部参照和块在位编辑】→【在位编辑参照】命令，如图 5.57 所示。

进行上述操作后系统会打开【参照编辑】对话框，如图 5.58 所示。

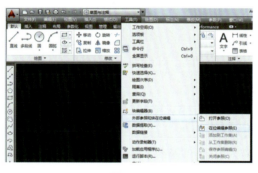

图 5.57

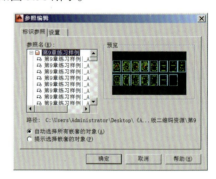

图 5.58

从中选择要编辑的参照文件，然后单击【确定】按钮。此时发现要编辑的参照块已被分解。编辑完成后，单击【参照编辑】工具栏中的【保存参照编辑】按钮 ，分解的参照块将成为新的参照块。

5.4 查询

使用查询功能主要可以查询距离、区域、面域/质量特性、列表和定位点等信息。常用的查询命令都放在【实用工具】工具栏中，如图 5.59 所示。

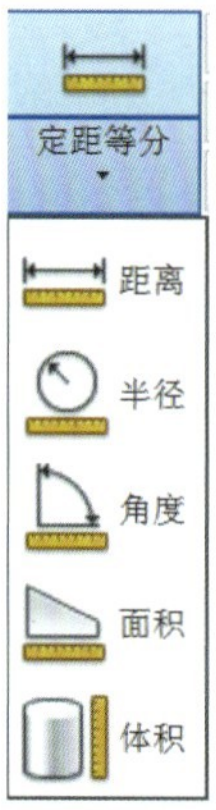

5.4.1 距离查询

距离查询主要是查询两点之间的距离。

执行距离查询命令的方法有以下两种：

图 5.69

（1）在命令行中输入"dist"（"di"），然后按 Space 键。

（2）执行【默认】→【实用工具】→【距离】命令，如图 5.60 所示。

进行上述操作后系统会执行距离查询的命令。查询直线 ab 的距离，如图 5.61 所示。

命令行提示如下：

命令：di

DIST 指定第一点：【选中 a 点】指定第二点：【选中 b 点】

距离 =1000.0000，XY 平面中的倾角 =0，与 XY 平面的夹角 =0

X 增量 =1000.0000，Y 增量 =0.0000，Z 增量 =0.0000

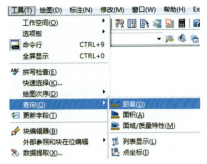

图 5.60

图 5.61

5.4.2 区域查询

区域查询主要是查询对象所在区域的面积和周长。

执行区域查询命令的方法有以下 2 种。

（1）在命令行中输入"area"，然后按 Space 键。

（2）执行【默认】→【实用工具】→【面积】命令，如图 5.62 所示。

进行上述操作后系统会执行区域查询的命令。查询矩形 abcd 的面积，如图 5.63 所示。

命令行提示如下：

命令：area

指定第一个角点或 [对象（O）/ 加（A）/ 减（S）]：【选中 a 点】

指定下一个角点或按 Enter 键全选：【选中 b 点】

指定下一个角点或按 Enter 键全选：【选中 c 点】

指定下一个角点或按 Enter 键全选：【选中 d 点】

指定下一个角点或按 Enter 键全选：【选中 a 点】

指定下一个角点或按 Enter 键全选：【按 Space 键】

面积 =1500000.0000，周长 =5000.0000

面积查询必须选择一个闭合的范围，否则无法查询。

图 5.62

图 5.63

5.4.3 面域查询

面域查询主要是查询面域或实体的质量特性。

执行面域查询命令的方法：在命令行中输入"massprop"，然后按 Space 键。

进行上述操作后系统会执行面域查询的命令。查询面域 abcd，如图 5.64 所示。

命令行提示如下：

图 5.64

命令：MASSPROP
选择对象：找到 1 个【单击 abcd 任意边】
选择对象：【按 Space 键】
弹出图 5.65 所示的文本窗口。
命令行出现的面域查询信息同文本窗口一样。

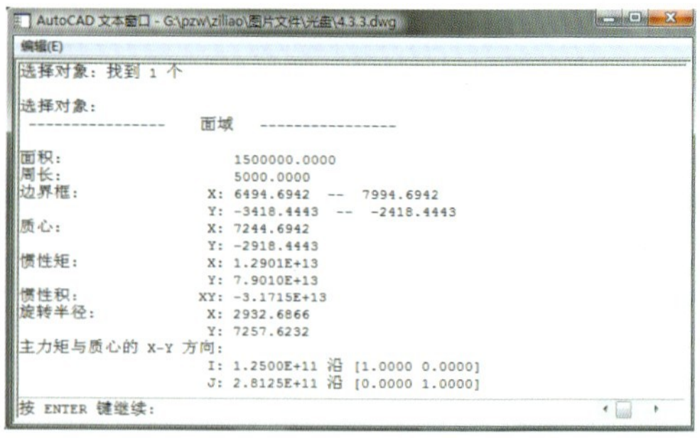

图 5.65

5.4.4　坐标查询

坐标查询就是查询某一点在坐标系中的坐标。

执行坐标查询命令的方法：在命令行中输入"id"，然后按 Space 键。

执行【默认】→【实用工具】→【点坐标】命令，如图 5.66 所示。

进行上述操作后系统会执行坐标查询的命令。查询圆 a 的中心点坐标，如图 5.67 所示。

图 5.66

命令行提示如下：

命令：id

指定点：【选中圆心点】X=5998.4605　Y=-1799.9332　Z=0.0000

5.4.5　列表显示

列表显示就是用文本窗口显示图形信息，该方法不限定对象类型。

执行列表显示命令的方法：在命令行中输入"list"，然后按 Space 键。

图 5.67

进行上述操作后系统会执行列表显示的命令。查询圆 a 的信息，如图 5.68 所示。

命令行提示如下：

命令：list

选择对象：找到 1 个【选中圆 a】

选择对象：【按 Space 键】

弹出图 5.69 所示的文本窗口。

命令行出现的列表查询信息同文本窗口一样。

图 5.68

图 5.69

本章小结

在绘制二维图形的过程中,图块的定义和编辑以及图层的使用、查询命令的使用都能使绘制图形更加准确和快速。因此本章对这些管理命令进行了系统的讲解和阐述。通过本章的学习,读者能够综合性地进行图形的查询和图块的定义,结合图层的管理和应用,更好地操作 AutoCAD 2014 进行绘图。

思考与实训

用二维绘图和编辑命令制作一组沙发,然后定义成图块,并将图块进行保存后重新插入文字。

CHAPTER SIX

第 6 章　尺寸标注与文本标注

知识目标

二维图形需要尺寸和文本标注对其进行具体说明，本章对尺寸标注和文本标注进行系统性的讲解，从如何定义尺寸标注的样式开始，讲解不同类型的尺寸标注类型，同时讲解文本标注样式基本类型的定义和操作以及编辑文本标准的方法。

能力目标

1. 能够根据绘图的需要定义标注的样式和相关信息，进行文字和尺寸的标注；
2. 能够结合制图标准，设定规范的尺寸和文本标注样式，对已有的标注样式进行编辑和修改。

6.1　尺寸标注概述

标注是向图形中添加测量注释的过程。标注元素包括标注文字、尺寸线、尺寸起止符和尺寸界线，如图 6.1 所示。

标注文字是用于指示测量值的字串符，可以包含前缀、后缀和公差。

尺寸界线从被标注的对象延伸到尺寸线，用来指示尺寸标注的范围。

尺寸线用于指示标注的方向和范围。对于角度标注，尺寸线是一段圆弧。

图 6.1

尺寸起止符显示在尺寸线的两端，可以为箭头或顺时针方向倾 45°、长 2～3 mm 的短中实线。

6.2　标注样式的编辑

AutoCAD 2014 本身有两个 "annotative" 和 "ISO-25" 的尺寸样式，但一般不符合制图的标准。使用标注样式可以控制尺寸线、尺寸界线、尺寸起止符和中心标记的外观。设置标注样式是在【标注样式管理器】对话框内进行的。

打开【标注样式管理器】对话框的方法有以下两种：

（1）执行【注释】→【标注样式】命令，如图 6.2 所示。

（2）在命令行中输入"dimstyle"（或"ddim"），然后按 Space 键。

进行上述操作后，系统会打开【标注样式管理器】对话框，如图 6.3 所示。

图 6.2　　　　　　　　　　　图 6.3

6.2.1　设定当前标注样式

设定当前标注样式的方法有以下 3 种：

（1）在【样式】工具栏中的【标注样式控制】下拉列表中选择设置为当前的标注样式，如图 6.4 所示。

（2）在【标注样式管理器】对话框中的【样式】列表框中双击要设置为当前的标注样式，如图 6.5 所示。

（3）在【标注样式管理器】对话框中的【样式】列表框中选择所要设置为当前的标注样式，然后单击 置为当前(U) 按钮。进行上述操作后，就会将选定的标注样式设置为当前。

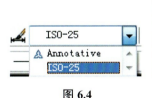

图 6.4　　　　图 6.5

6.2.2　新建标注样式

新建标注样式的具体操作如下：

（1）在【标注样式管理器】对话框中单击 新建(N) 按钮，打开图 6.6 所示对话框。

（2）在【新样式名】文本框中输入新建标注样式的名称。在【用于】下拉列表中可以限定新建标注的应用范围。

（3）设置完成后单击 继续 按钮打开【新建标注样式：副本 ISO-25】对话框，在此对话框的各个选项卡中可以定义新样式的特性，如图 6.7 所示。

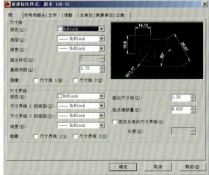

图 6.6　　　　　　　　　　　图 6.7

6.2.3 修改标注样式

在【标注样式管理器】对话框中，标注样式修改的调用方式为：单击 修改(M)... 按钮弹出【修改标注样式：ISO-25】对话框，如图 6.8 所示。

【修改标注样式：ISO-25】对话框内的选项与【新建标注样式：副本 IOS-25】对话框中的选项相同，操作也是一样的。修改样式后，绘图中的该标注样式会自动地更新成修改后的标注样式。

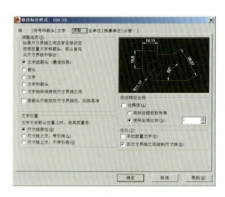

图 6.8

6.2.4 替代标注样式

在【标注样式管理器】对话框中，标注样式替代的调用方式为：单击 替代(O)... 按钮弹出【替代当前样式：ISO-25】对话框，如图 6.9 所示。

图 6-9 所示对话框表明要替代标注样式为"ISO-25"样式，对话框内的选项与【新建标注样式】【修改标注样式】对话框中的选项相同，操作也是一样的。替代标注样式只能替代当前的标注样式。

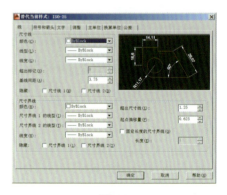

图 6.9

6.3 标注样式的参数设置

【新建标注样式】【修改标注样式】和【替代标注样式】对话框中均包括【线】【符号和箭头】【文字】【调整】【主单位】【换算单位】以及【公差】等选项卡，可以根据自己的需要进行设置。

6.3.1 【线】选项卡

在【修改标注样式：ISO-25】对话框中切换到【线】选项卡，如图 6.10 所示。

在【尺寸线】组合框中可以设置尺寸线的格式和特性。

【颜色】【线型】【线宽】：在各自对应的下拉列表框中选择尺寸线所需颜色、线型以及线宽。

【超出标记】：当采用短斜线作为尺寸起止符时，可输入一个数值，以确定尺寸线超出尺寸界线的长度。

【基线间距】：当采用基线方式标注尺寸时，可在微调框中输入一个数值，以控制两尺寸线之间的距离。

【隐藏】：控制是否隐藏第一条和第二条尺寸线及相应尺寸箭头。

在【尺寸界线】组合框中可以设置尺寸界线的格式和特性。

【颜色】：从下拉列表框中可选择尺寸界限所需颜色。

【超出尺寸线】：微调框，用户可输入一个数值，以确定尺寸界线超出尺寸线的长度。

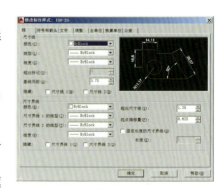

图 6.10

【起点偏移量】：微调框，确定尺寸界线实际起始点和用户指定的尺寸界线起始点之间的偏移。
【隐藏】：控制是否隐藏第一条和第二条尺寸界线。
【固定长度的尺寸界线】：用于设置尺寸界线的固定长度。

6.3.2 【符号和箭头】选项卡

在【符号和箭头】选项卡中可以设置箭头、圆心标记、弧长符号、折断标注、半径折弯标注和线性折弯标注等有关特性，如图 6.11 所示。

1. 箭头

【第一个】：用于设置第一个尺寸箭头的形式，可在下拉列表框中选择，如图 6.12 所示。

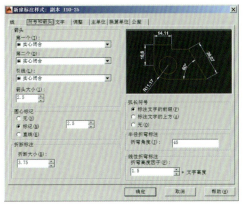
图 6.11

图 6.12

【第二个】：确定第二个尺寸箭头的形式，可与第一个尺寸箭头不同。

【引线】：确定引线箭头的形式，也可以打开"用户箭头"选择自定义箭头块。

【箭头大小】：可以根据需要设置箭头的大小。

2. 圆心标记

【无】：既不产生中心标记，也不产生中心线。

【标记】：中心标记为一个记号。

【直线】：中心标记采用中心线的形式。

3. 折断标注

用户可以控制折断标注的间距。

4. 弧长符号

【标注文字的前缀】：将弧长符号放在标注文字的前面。

【标注文字的上方】：将弧长符号放在标注文字的上方。

【无】：不显示弧长符号。

5. 半径折弯标注

控制半径折弯标注的显示，它通常在中心点位于页面外部时创建。

6. 线性折弯标注

控制线性折弯标注的显示，当标注不能精确表示实际尺寸时，通常将折弯标注添加到线型标注中。

6.3.3 【文字】选项卡

在【文字】选项卡中可以设置标注文字的外观、文字的位置和文字的对齐方式等，如图 6.13 所示。

1. 文字外观

【文字样式】：选择当前尺寸文本采用的文本样式。单击右边的 按钮，将会弹出【文字样式】对话框，如图 6.14 所示，可以在该对话框内设置当前文字样式的字体、大小和效果等数值。

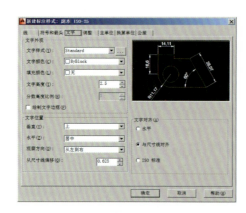

图 6.13　　　　　　　　　　　　　　　图 6.14

【文字颜色】：设置尺寸文本的颜色，其操作方法和设置尺寸线颜色的方法相同。

【文字高度】：用户可以通过调整数值的大小来设置尺寸文本的字高。

【分数高度比例】：用户可以通过调整数值的大小来设置尺寸文本的比例系数。

【绘制文字边框】：选中此复选框将会在尺寸文本的周围加上边框。

2. 文字位置

【垂直】：确定尺寸文本相对于尺寸线在垂直方向的对齐方式。

【水平】：确定尺寸文本相对于尺寸线和尺寸界线在水平方向的对齐方式。

【从尺寸线偏移】：此微调框用来设置尺寸的文本与尺寸线之间的距离。

3. 文字对齐

【水平】：尺寸文本沿水平方向放置。

【与尺寸线对齐】：尺寸文本沿尺寸线方向放置。

【ISO 标准】：当尺寸文本在尺寸界线之间时，沿尺寸线方向放置；在尺寸界线之外时，沿水平方向放置。

6.3.4 【调整】选项卡

【调整】选项卡主要控制标注文字、箭头、引线和尺寸的放置，如图 6.15 所示。

1. 调整选项

如果尺寸界线之间没有足够的空间来放置文字和箭头，可以从尺寸界线中移出文字或者箭头来调整效果；若箭头不能在尺寸界线内，可以单击复选框将其消除。

2. 文字位置

用户可以根据需要将尺寸文本放在尺寸线旁或者上方，还可以确定是否使用引线与尺寸线相连。

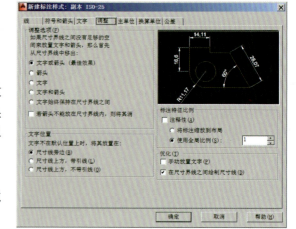

图 6.15

3. 标注特征比例

【使用全局比例】：确定尺寸的整体比例系数。

【将标注缩放到布局】：根据当前的模型空间视口和图形空间之间的比例确定比例因子。

4. 优化

【手动放置文字】：选中此复选框，标注尺寸时由用户确定尺寸文本的放置位置，忽略前面的对齐设置。

【在尺寸界线之间绘制尺寸线】：选中此复选框，不论尺寸文本在尺寸界线内部还是外面，AutoCAD 2014 均在两尺寸界线之间绘制出一条尺寸线；否则当尺寸界线内放不下尺寸文本而将其放在外面时，尺寸界线之间无尺寸线。

6.3.5 【主单位】选项卡

【主单位】选项卡用来设置尺寸标注的主单位和精确度，以及给尺寸文本添加固定的前缀或者后缀，如图 6.16 所示。

1. 线性标注

【单位格式】：确定标注尺寸时使用的单位制。

【精度】：确定标注尺寸时的精度，也就是精确到小数点后几位。

【分数格式】：设置分数的格式。

【小数分隔符】：确定十进制单位的分隔符。

【舍入】：设置除角度以外的尺寸测量的圆整规则。

【前缀】：给尺寸标注设置固定前缀。

【后缀】：给尺寸标注设置固定后缀。

2. 测量单位比例

【比例因子】标注显示数量与实际测量数值的比值，一般设为"1"。

图 6.16

6.3.6 【换算单位】选项卡

在【换算单位】选项卡中可以设置标注测量中单位的显示及格式。一般情况下工程制图不使用该选项，如图 6.17 所示。

1. 换算单位

选中【显示换算单位】复选框，方可将替换单位的尺寸值同时显示在尺寸文本上。

【单位格式】：选取替换单位采用的单位制。

【精度】：设置替换单位的精度。

【换算单位倍数】：指定主单位和替换单位的转换因子。

【舍入精度】：设定替换单位的圆整规则。

【前缀】：设置替换单位文本的固定前缀。

【后缀】：设置替换单位文本的固定后缀。

2. 消零

设置是否省略尺寸标注中的"0"。

3. 位置

【主值后】：把替换单位尺寸标注放在主单位标注的后边。

【主值下】：把替换单位尺寸标注放在主单位标注的下边。

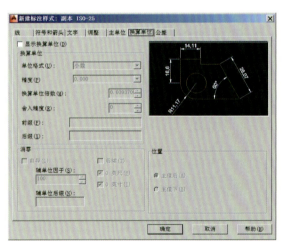

图 6.17

6.3.7【公差】选项卡

【公差】用来设置文字中公差的格式及显示，如图 6.18 所示。

1. 公差格式

【方式】：设置用何种方式标注公差。在下拉列表框中可以选择【无】【对称】【极限偏差】【极限尺寸】和【基本尺寸】等方式。

【精度】：设定公差标注的精度。

【上偏差】：设置尺寸的上偏差。

【下偏差】：设置尺寸的下偏差。

【高度比例】：设置公差文本的高度比例，即公差文本的高度和一般尺寸文本的高度比。

【垂直位置】：控制"对称"和"极限偏差"形式的公差标注的文本对齐方式，分为上、中、下三种对齐方式。

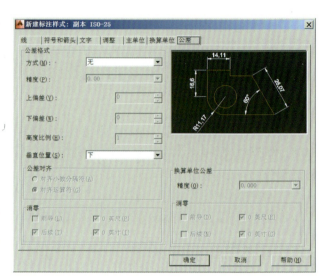

图 6.18

2. 换算单位公差

对形位公差标注的替换单位进行设置，用户可根据需要自行调整。

6.4 尺寸的标注

AutoCAD 2014 提供了更多的标注命令，不仅可以标注尺寸的长度、角度、直径、半径、引线、形位公差、坐标、圆心标记和序号等，而且可以标注弧长，以及进行折断标注、检验标注和折弯标注，更改标注间距等。

6.4.1 线性标注

线性标注仅能进行水平方向或垂直方向的尺寸标注。

调用线性标注的方法有以下两种：

（1）单击【注释】工具栏中的【线性】按钮，如图 6.19 所示。

图 6.19

图 6.20

（2）在命令行中输入"dimlinear"，然后按 Space 键。

进行上述操作后，系统会执行线性标注命令，如图 6.20 所示。

命令行提示如下：

命令：dimlinear

指定第一条尺寸界线原点或＜选择对象＞：

指定第二条尺寸界线原点：

指定尺寸线位置或［多行文字（M）/文字（T）/角度（A）/水平（H）/垂直（V）/旋转（R）］：
标注文字 =1500

进行尺寸标注时，可以对命令行中的多个选项进行调整：

【多行文字（M）】：可用来编辑标注的文字。

【文字（T）】：可在命令栏中自定义标注尺寸。

【角度（A）】：可修改标注文字的角度。

【水平（H）/垂直（V）/旋转（R）】：分别创建水平、垂直、旋转线性标注。

6.4.2 对齐线性标注

调用对齐线性标注的方法有以下两种：

（1）执行【注释】→【对齐】命令，如图 6.21 所示。

（2）在命令行中输入"dimaligned"，然后按 Space 键。

进行上述操作后，系统会执行对齐线性标注命令，如图 6.22 所示。

命令行提示如下：

命令：dimaligned

指定第一条尺寸界线原点或＜选择对象＞：

指定第二条尺寸界线原点：

指定尺寸线位置或

［多行文字（M）/文字（T）/角度（A）］：

标注文字 =1206

图 6.21

图 6.22

6.4.3 直径标注

调用直径标注的方法有以下两种：

（1）执行【注释】→【直径】命令，如图 6.23 所示。

（2）在命令行中输入"dimdiameter"，然后按 Space 键。

进行上述操作后，系统会执行直径标注命令，如图 6.24 所示。

命令行提示如下：

命令：dimdiameter

选择圆弧或圆：

标注文字 =1000

指定尺寸线位置或［多行文字（M）/文字（T）/角度（A）］：

图 6.23

图 6.24

6.4.4 半径标注

调用半径标注的方法有以下两种：

（1）执行【注释】→【半径】命令，如图 6.25 所示。

（2）在命令行中输入"dimradius"，然后按 Space 键。

进行上述操作后，系统会执行半径标注命令，如图 6.26 所示。

命令行提示如下：

命令：dimradius

选择圆弧或圆：

标注文字 =500

指定尺寸线位置或［多行文字（M）/文字（T）/角度（A）］：

图 6.25　　　　图 6.26

6.4.5　角度标注

调用角度标注的方法有以下两种：

（1）执行【注释】→【角度】命令，如图 6.27 所示。

（2）在命令行中输入"dimangular"，然后按 Space 键。

进行上述操作后，系统会执行角度标注命令，如图 6.28 所示。

命令行提示如下：

命令：dimangular

选择圆弧、圆、直线或＜指定顶点＞：

选择第二条直线：

指定标注弧线位置或［多行文字（M）/文字（T）/角度（A）/象限点（Q）］：

标注文字 =120

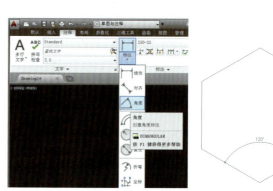

图 6.27　　　　图 6.28

6.4.6　弧长标注

调用弧长标注的方法有以下两种：

（1）执行【注释】→【弧长】命令，如图 6.29 所示。

（2）在命令行中输入"dimarc"，然后按 Space 键。

进行上述操作后，系统会执行弧长标注命令，如图 6.30 所示。

命令行提示如下：

命令：dimarc

选择弧线段或多段线弧线段：

指定弧长标注位置或［多行文字（M）/文字（T）/角度（A）/部分（P）/引线（L）］：

标注文字 =645

图 6.29　　　　图 6.30

6.4.7 连续标注

图 6.31

在创建连续标注之前，必须创建线性、对齐或角度标注。

调用连续标注的方法有以下两种：

（1）执行【注释】→【连续】命令，如图 6.31 所示。

（2）在命令行中输入"dimcontinue"，然后按 Space 键。

进行上述操作后，系统会执行连续标注命令。如果当前任务中未创建任何标注，将提示用户选择线性标注、对齐标注或角度标注以用作连续标注的基准，否则程序将跳过该提示，并使用上一次在当前任务中创建的标注对象。

绘制图 6.32 所示图形。

执行连续标注命令，命令行提示如下：

命令：dimcontinue

指定第二条尺寸界线原点或［放弃（U）/选择（S）]＜选择＞：s

选择连续标注：

指定第二条尺寸界线原点或［放弃（U）/选择（S）]＜选择＞：

标注文字 =100

指定第二条尺寸界线原点或［放弃（U）/选择（S）]＜选择＞：

标注文字 =200

指定第二条尺寸界线原点或［放弃（U）/选择（S）]＜选择＞：

标注文字 =300

指定第二条尺寸界线原点或［放弃（U）/选择（S）]＜选择＞：

标注文字 =100

指定第二条尺寸界线原点或［放弃（U）/选择（S）]＜选择＞：

标注文字 =300

指定第二条尺寸界线原点或［放弃（U）/选择（S）]＜选择＞：

标注文字 =200

指定第二条尺寸界线原点或［放弃（U）/选择（S）]＜选择＞：

得到图 6.33 所示图形。

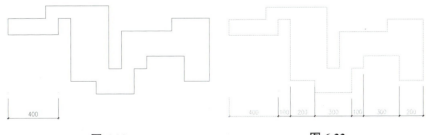

图 6.32　　　　　　　　图 6.33

6.4.8 圆心标记

图 6.34

调用【圆心标记】命令的方法有以下两种：

（1）执行【注释】→【标注】→【圆心标记】命令，如图 6.34 所示。

（2）在命令行中输入"dimcenter"，然后按 Space 键。

进行上述操作后，系统会执行【圆心标注】命令。命令行提示如下：

命令：dimcenter

选择圆弧或圆：

6.4.9 标注间距

使用该命令可以调整平行的线性标注和角度标注之间的距离。

执行【标注间距】命令的方法有以下两种：

（1）执行【注释】→【标注间距】命令，如图 6.35 所示。

（2）在命令行中输入"dimspace"，然后按 Space 键。

图 6.35

进行上述操作后，系统会执行【标注间距】命令。

绘制图 6.36 所示图形。

执行【标注间距】命令，命令行提示如下：

命令：dimspace

选择基准标注：【选择标注 a】

选择要产生间距的标注：指定对角点：找到 7 个【框选标注 b- 标注 g】

选择要产生间距的标注：【按 Space 键】

输入值或 [自动（A）] < 自动 >：300

得到如图 6.37 所示图形。

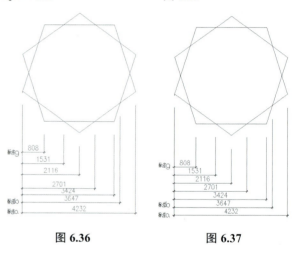

图 6.36   图 6.37

6.4.10 公差标注

调用【公差】命令的方法有以下两种：

（1）执行【注释】→【标注】→【公差】命令，如图 6.38 所示。

（2）在命令行中输入"tolerance"，然后按 Space 键。

进行上述操作后，系统会打开【形位公差】对话框，如图 6.39 所示。

在该对话框中，单击【符号】下面的黑色方块，打开【特征符号】对话框，如图 6.40 所示，通过对话框可以设置形位公差的代号。在该对话框中，选择某个符号则单击该符号，若不进行选择，则单击右下角的白色方块或按 Enter 键。

图 6.38   图 6.39   图 6.40

在【形位公差】对话框中，在【公差 1】输入区的文本框中输入公差数值，单击文本框左侧的黑色方块则可以设置直径符号，单击文本框右侧的黑色方块，则打开【添加符号】对话框，利用该对话框可设置符号。

若需要设置两个公差，利用同样的方法在【公差2】输入区进行设置。

在【形位公差】对话框的【基准】输入区设置基准，在其文本框输入基准的代号，单击文本框右侧的黑色方块，则可以设置添加符号。

6.4.11 引线标注

执行【引线】命令的方法如下：

在命令行中输入"leader"或"qleader"，然后按 Space 键。

进行上述操作后，系统会执行【引线】命令。命令行提示如下：

命令：leader

qleader

指定第一个引线点或[设置（S）]<设置>：s

指定第一个引线点或[设置（S）]<设置>：

指定下一点：

指定下一点：

指定文字宽度<0>：100

输入注释文字的第一行<多行文字（M）>：biaozhu

引线样式的管理可通过【注释】→【引线】→【多重引线样式管理器】进行设置，如图6.41所示。

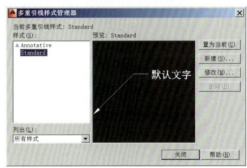

图 6.41

在此对话框内可以对引线的特性进行设置，包括文字的类型、位置，箭头的形式、大小等。

6.5 编辑尺寸标注

标注完成后有时需要对不同的标注样式执行切换、修改等操作。使用编辑标注命令可以对标注特性中的文字内容、位置、相关性等进行调整。

6.5.1 编辑尺寸标注文字

执行【编辑尺寸标注文字】命令的方法有以下两种：

（1）执行【注释】→【标注】→【倾斜】命令，如图6.42所示。

（2）在命令行中输入"dimtedit"，然后按 Space 键。

进行上述操作后，系统会执行编辑尺寸标注文字命令，命令行提示如下：

图 6.42

命令：dimtedit

选择标注：

指定标注文字的新位置或［左（L）/右（R）/中心（C）/默认（H）/角度（A）］：

提示：可以选择需修改的标注对象，在【特性】工具箱中进行尺寸标注编辑。

6.5.2 标注的更新

如果要将选取的标注样式更新到另一种标注样式，则执行【标注】→【更新】命令，如图 6.43 所示。

图 6.43

进行上述操作后，系统会执行标注更新命令，命令行提示如下：

命令：dimstyle

当前标注样式：20 注释性：是

输入标注样式选项

［注释性（AN）/保存（S）/恢复（R）/状态（ST）/变量（V）/应用（A）/?］＜恢复＞：_apply

选择对象：找到 1 个

选择对象：找到 1 个，总计 2 个

选择对象：

6.6 文字样式的设置

打开【文字样式】对话框的方法有以下 3 种：

（1）执行【注释】→【文字样式】命令，如图 6.44 所示。

（2）单击【样式】工具栏中的【文字样式】按钮。

（3）在命令行中输入"style"，然后按 Space 键。

进行上述操作后，系统会打开【文字样式】对话框，如图 6.45 所示。

【文字样式】对话框部分选项说明如下：

【样式】：表示已设文字样式的名称列表框。

【字体】：确定文字的字体，即字符的形状。

【高度】：对设置为当前的文字进行高度调整。如果输入"0.2"，则每次用该样式输入文字时，文字默认值为 0.2 高度。

【新建】：可新建文字样式。单击【新建】按钮，弹出【新建文字样式】对话框，如图 6.46 所示，

图 6.44

图 6.45

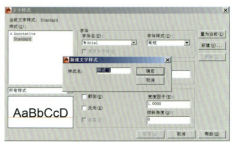

图 6.46

可根据需要新建文本样式，然后设置好各项参数内容。

提示：默认文字样式、已使用的文字样式以及设置为当前的文本样式不可删除。

若对新建的文本样式名称不满意，可在名称上单击鼠标右键，执行【重命名】命令，进行名称更改操作，如图6.47所示。

图 6.47

6.7 文字的输入

AutoCAD 2014 提供两种文字的输入方式，分别是单行文字输入和多行文字输入。

6.7.1 单行文字输入

单行文字输入的特点是编辑的文字信息按一行显示，只有按 Enter 键才能换行，不能自动换行。它可以跳跃式输入，设置好文字的格式后单击，文字就会自动地跟随鼠标变换位置，灵活性强。

执行【单行文字】命令的方法有以下两种：

（1）执行【注释】→【文字】→【单行文字】命令，如图 6.48 所示。

（2）在命令行中输入"dtext"或"text"，然后按 Space 键。

进行上述操作后，系统会执行【单行文字】命令。命令行提示如下：

命令：dtext

text

当前文字样式："Standard" 文字高度：277.8871 注释性：否

指定文字的起点或［对正（J）/样式（S）］：s

输入样式名或［？］<Standard>：hz

当前文字样式："Standard" 文字高度：200.0000 注释性：否

指定文字的起点或［对正（J）/样式（S）］：

指定高度 <200.0000>：

指定文字的旋转角度 <0>：

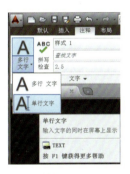

图 6.48

如果要重新编辑文字，可以双击文字，或者选中文字，然后单击鼠标右键，在弹出的快捷菜单中选择【编辑】菜单项。

6.7.2 多行文字输入

多行文字输入是指一次可以输入多行文字。对多行文字可以以一个独立的对象进行编辑。

执行【多行文字】命令的方法有以下两种：

（1）执行【注释】→【文字】→【多行文字】命令，如图 6.49 所示。

（2）在命令行中输入"mtext"，然后按 Space 键。

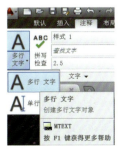

图 6.49

进行上述操作后，系统会执行【多行文字】命令。指定文字输入边框的对角点后将弹出在位编辑器，如图 6.50 所示。在位编辑器相当于一个文字编辑器，将显示一个【文字格式】工具栏并对应一个文本输入框。

在设置好所需各个选项后，就可在文本框中输入文字。

如果要重新编辑文字，可以双击文字，或者选中文字，然后单击鼠标右键，在弹出的快捷菜单中选择【编辑】菜单项，就可以在弹出的在位编辑器中进行编辑了。

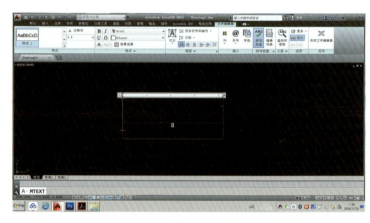

图 6.50

 本章小结

AutoCAD 2014 具有强大的绘制和编辑功能。在绘制图形和编辑过程中，经常需要用尺寸和文本对其进行说明和标示，因此，本章所介绍的尺寸标注和文本标注内容对二维图形绘制而言十分重要。本章还对样式的编辑方法作了介绍，以使读者更加全面地对 AutoCAD 2014 的尺寸标注和文本标注有全面的了解。

 思考与实训

根据书中实例，对其进行文本和尺寸的标注。

第 7 章 三维图形的基本绘制

CHAPTER SEVEN

知识目标

学习了二维图形的基本绘制和编辑命令以后，本章介绍三维图形的基本绘制命令，包括三维工作空间与视点的设置、三维坐标系的介绍、基本三维图形的绘制以及三维实体的编辑和渲染等内容。通过本章内容的学习，读者能够进行基本的三维实体建模和编辑，并进行渲染。

能力目标

1. 能够运用三维创建命令和编辑命令进行三维物体的建模；
2. 能够进行模型的背景编辑及渲染。

AutoCAD 的三维功能随版本的升级而不断增强，已能创建比较复杂的三维形体和产品造型以及各种效果图，但就建模功能和最终效果而言，还是有一定的局限性，并不能和该公司的另一款软件 3ds Max 相比。这里单就其常用命令和主要应用知识作一些分析。

7.1 三维工作空间与视点设置

7.1.1 三维工作空间

调用三维工作空间的方法有以下两种：

（1）在【草图与注释】工具栏的下拉列表中选择【三维建模】选项，如图 7.1 所示。

（2）新建一个图形文件时，在【创建新图形】对话框中选择"acadiso3D.dwt"样板就可以直接进入三维工作空间，如图 7.2 所示。

三维工作空间包括 UCS 坐标、工作平面、背景等，可以展示三维对象的各种视图，以便于观察。

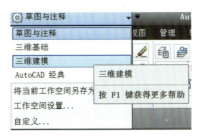

图 7.1

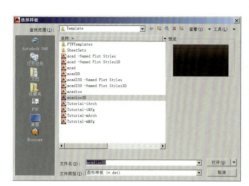
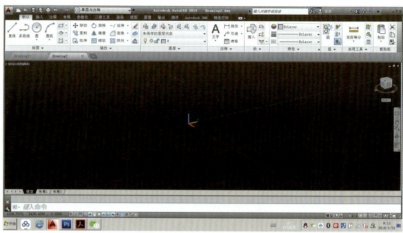

图 7.2

7.1.2 视点的设置

1. 设置视点的意义

所谓视点，是指用户观察图形的方向。在以前的平面绘图中，都是一个观察方向，所以并没有提到视点的概念。假定用户现在绘制了一个三维长方体，如果是平面坐标系，即 Z 轴垂直于屏幕，则此时仅能看到长方体在 XOY 平面上的投影，即一个矩形。此时，如果用户将视点调整至当前坐标系的左上方，则可很清楚地看到长方体的立体效果。实际上，视点和用户绘制的图形之间没有任何关系，只是便于更直观地看图而已，所以即使是一张平面图，也可以设置视点，但意义不大。

2. 视点的设置方式

一是使用 DDVpoint 命令，此命令是通过【视点预置】对话框进行操作的；二是通过 Vpoint 命令进行设置，此命令是通过屏幕上显示的【罗盘】和【三角轴】进行操作的。在实际绘图中，很少使用这两个命令进行视点的设置。一般采用调出【视图】工具栏，或使用三维动态观察器（3do）命令使操作更加灵活和方便，以达到同样的效果。

7.2 三维坐标系

三维绘图和平面绘图有所区别，三维绘图是在三维立体空间中进行的，必然涉及空间方位的转换，而绘图又都是在 XOY 平面或与 XOY 平面平行的平面中进行的，绘图空间方位的变换必然使 XOY 平面不断地变换，也就必须理解三维坐标系的方位变换设置，WCS 与 UCS 只是称呼和定义的不同，其实质都是针对 X、Y、Z 所构成的坐标系平面，所以，设置三维坐标系实际上就是用"UCS"命令设置 XOY 平面所处的方位。三维坐标系的方位变换是建模的重要组成部分，如果能理解并能灵活运用的话，三维绘图将变得更加容易。

7.2.1 指定三维坐标

在三维绘图时，除了增加第三维坐标（Z 轴）之外，指定三维坐标与指定二维坐标是相同的。在三维空间绘图时，要在世界坐标系（WCS）或用户坐标系（UCS）中指定 X、Y 和 Z 的坐标值。

7.2.2 设置用户坐标 UCS

前面已讲过，在三维绘图中，要不断地变换坐标以方便绘图，可以根据绘图需要定制坐标系统，即"UCS"。通过合适的 UCS，在建模时可以很轻松地绘制出三维形体，从而达到快速高效的目的。使用"UCS"命令来进行设置的命令行提示如下：

命令：UCS

当前 UCS 名称：世界

输入选项

［新建（N）/移动（M）/正交（G）/上一个（P）/恢复（R）/保存（S）/删除（D）/应用（A）/?/世界（W）］

<世界>：

这是启动"UCS"命令后的提示，可以看到有很多选项，各选项说明如下：

新建（N）：建立一个新的用户坐标系。

移动（M）：平移用户坐标系。

正交（G）：从六个已定义好的坐标系（顶/底/前/后/左/右）中选择一个作为用户坐标系。

上一个（P）：返回上一用户坐标系。

恢复（R）：调用用户曾储存的 UCS，使之成为当前坐标系。

保存（S）：命名、储存当前的用户坐标系。

删除（D）：删除已经存储的用户坐标系。

应用（A）：将用户坐标系应用于选择的视区或全部视区。

?：显示已经存储的用户坐标系名称。

世界（W）：返回世界坐标系。

当要建立自己的坐标系时，一般会用"新建（N）"选项。

命令：UCS

当前 UCS 名称：世界

输入选项

［新建（N）/移动（M）/正交（G）/上一个（P）/恢复（R）/保存（S）/删除（D）/应用（A）/?/世界（W）］

<世界>：N

指定新 UCS 的原点或【Z 轴（ZA）/三点（3p）/对象（OB）/面（F）/视图（V）/X/Y/Z】<0, 0, 0>：

缺省选项：将坐标原点移动到用户指定的点上，坐标轴方向保持不变。

Z 轴（ZA）：通过指定坐标原点和 Z 轴正半轴上的一点，建立新的用户坐标系。

三点（3P）：通过指定 3 个点建立用户坐标系，这 3 点分别是坐标原点，X 轴正半轴上的一点，XY 平面内 X、Y 坐标都大于 0 的任意点。

对象（OB）：通过选择一个实体建立 UCS，新坐标系的 Z 轴与所选实体的 Z 轴相同，坐标原点与 X 轴的正向根据所选实体的不同而不同。

面（F）：使新建用户坐标系平行于选择的平面。

视图（V）：使新用户坐标系的 XOY 平面垂直于图形观察方向。

X/Y/Z：这 3 个选项的功能是将当前用户坐标系统绕 X 或 Y 或 Z 轴旋转一定的角度建立新的坐标系统。

7.2.3 使用 [UCS] 对话框

在绘制较复杂的三维形体时，可能要建立很多用户坐标系，在建立一个新的用户坐标系时，最好给它命名并保存，这样，只要指定某个坐标系名称就能回到该用户坐标系，而不用重新建立这个坐标系。用"UCS"命令中的恢复选项就能完成这项操作，也可以在菜单栏中执行【工具】→【命名 UCS】命令，弹出图 7.3 所示的【UCS】对话框。

图 7.3

7.3 绘制三维基本图形

表面模型定义了三维对象的边界，又定义了其表面。AutoCAD 2014 用多边形代表各个小的平面，这些小平面组合在一起构成了曲面——网格表面。网格表面只能是真实曲面的近似。此种模型可以进行消隐、着色、渲染等操作，但不具有体积、重心和惯性矩，适合构造复杂的曲面立体模型。

7.3.1 绘制三维基本曲面

1. 旋转曲面

"revsurf"命令通过将曲线（开放或闭合）绕指定的旋转轴转动生成一个近似于回转曲面的多边形网格曲面，用户可指定直线、圆弧、椭圆弧、样条曲线及多义线等作为回转表面的母线，旋转轴可以是直线、多段线，也可以通过指定两点来定义旋转轴。

执行【旋转曲面】命令的方法：在命令行中输入"revsurf"，然后按 Space 键。

进行上述操作后即可创建旋转网格。

下面通过一个实例介绍【旋转曲面】命令的使用方法：

绘制图 7.4 所示图形。

执行【旋转曲面】命令，命令行提示如下：

命令：revsurf

当前线框密度：surftab1=6 surftab2=6

选择要旋转的对象：【选择旋转对象】

选择定义旋转轴的对象：【选择旋转轴】

指定起点角度 <0>：【按 Space 键】

指定包含角（+= 逆时针，-= 顺时针）<360>：【按 Space 键】

得到图 7.5 所示图形。

在旋转曲面原始文件设置网格数目后，结果如图 7.6 所示。

命令行提示如下：

命令：surftab1

输入 surftab1 的新值 <6>：20

命令：surftab2

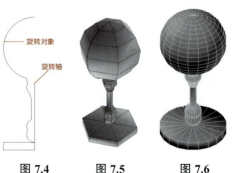

图 7.4　　图 7.5　　图 7.6

输入 surftab2 的新值 <6>：20

命令：revsurf

当前线框密度：surftab1=20 surftab2=20

选择要旋转的对象：

选择定义旋转轴的对象：

指定起点角度 <0>：

指定包含角（+= 逆时针，-= 顺时针）<360>：

2. 平移曲面

"tabsurf"命令可将路径曲线（开放或闭合）沿某一方向矢量拉伸而形成网格表面，此表面是一般柱面。拉伸表面可以与底面垂直，也可与底面成任意角度，母线可以是直线、圆弧、样条曲线及多段线等。方向矢量一般为直线或多段线，它确定了拉伸的方向和长度。在选择方向矢量时，点的选取位置决定了拉伸方向，从选取点到远离该点那一端的指向是方向矢量的指向。

执行【平移曲面】命令的方法有以下两种：

（1）执行【三维工具】→【建模】→【平移曲面】命令，如图 7.7 所示。

（2）在命令行中输入"tabsurf"，然后按 Space 键。

进行上述操作后即可创建平移曲面。

下面通过一个实例介绍【平移曲面】命令的使用方法：

绘制图 7.8 所示图形。

执行【平移曲面】命令，命令行提示如下：

命令：surftab1

输入 surftab1 的新值 <6>：15

命令：surftab2

输入 surftab2 的新值 <6>：15

命令：tabsurf

当前线框密度：surftab1=15

选择用作轮廓曲线的对象：【选择轮廓曲线】

选择用作方向矢量的对象：【选择方向矢量】

得到图 7.9 所示图形。

图 7.7

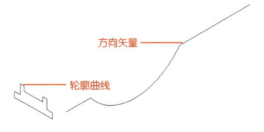

图 7.8

3. 直纹曲面

使用"rulesurf"命令可在两条曲线间创建网格表面，它是一个直纹曲面。可以用直线、样条曲线及多段线等定义直纹曲面的两条边界，如果一条边是闭合的，另一条边也必须闭合。此外，还可将点作为直纹曲面的边界。

执行【直纹曲面】命令的方法有以下两种：

（1）执行【三维工具】→【建模】→【直纹曲面】命令，如图 7.10 所示。

（2）在命令行中输入"rulesurf"，然后按 Space 键。

进行上述操作后即可创建直纹曲面。

下面通过一个实例介绍【直纹曲面】命令的使用方法：

图 7.9

图 7.10

绘制图 7.11 所示图形。

执行【直纹曲面】命令，命令行提示如下：

命令：surftab1

输入 surftab1 的新值 <30>：50

命令：surftab2

输入 surftab2 的新值 <30>：50

命令：rulesurf

当前线框密度：surftab1=50

选择第一条定义曲线：【选择第 1 条曲线】

选择第二条定义曲线：【选择第 2 条曲线】

得到图 7.12 所示图形。

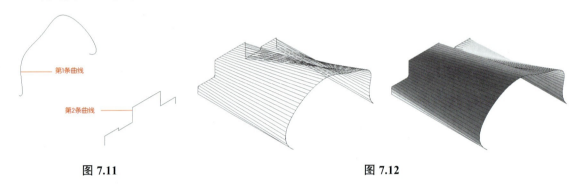

图 7.11　　　　　　　　　　图 7.12

提示：直纹表面的两条边界都是闭合的或都是非闭合的。点对象可以与闭合或非闭合对象成对使用。

4. 边界曲面

"edgesurf"命令利用 4 条邻接边定义一个三维网格表面，该表面是孔斯曲面，相邻各边可以是直线、圆弧和样条曲线等，各边必须在端点处相交以构成封闭线框。

执行【边界曲面】命令的方法有以下两种：

（1）执行【三维工具】→【建模】→【边界曲面】命令，如图 7.13 所示。

（2）在命令行中输入"edgesurf"，然后按 Space 键。

进行上述操作后即可创建边界曲面。

下面通过一个实例介绍【边界曲面】命令的使用方法：

绘制图 7.14 所示图形。

执行【边界曲面】命令，命令行提示如下：

命令：surftab1

输入 surftab1 的新值 <30>：50

命令：surftab2

输入 surftab2 的新值 <30>：50

命令：edgesurf

当前线框密度：surftab1=50 surftab2=50

选择用作曲面边界的对象 1：【选择 1】

图 7.13

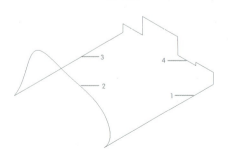

图 7.14

选择用作曲面边界的对象 2:【选择 2】
选择用作曲面边界的对象 3:【选择 3】
选择用作曲面边界的对象 4:【选择 4】
得到图 7.15 所示图形。

回转表面、拉伸表面、直纹表面及界限表面的网格密度是由系统变量 surftab1 和 surftab2 控制的，具体说明如下：

回转表面：沿旋转方向的网格线由 surftab1 分段，沿回转轴方向的网格线由 surftab2 分段。

拉伸表面：沿表面母线方向的网格线由 surftab1 分段，沿拉伸矢量方向的网格线由 Surftab2 分段。

直纹表面：AutoCAD 2014 在直纹表面的两条边界间均匀分布网格线，等分数由系统变量 surftab1 控制。

界限表面：创建界限表面时，用户可以用任何次序选择面的边界，第一条边是生成网格的 M 方向，此方向的网格密度由 surftab1 决定，与第一条边相邻的边界是网格的 N 方向，此方向的网格密度由 surftab2 决定。

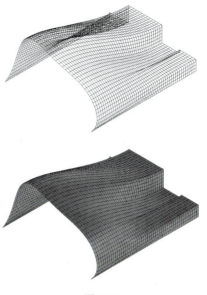

图 7.15

7.3.2 绘制三维实体

三维实体具有线、面、体等特征，可进行消隐、着色、渲染等操作，包含体积、重心、惯性矩等质量特性，可进行布尔运算、剖切、有限元网格划分、数控刀具轨迹仿真、装配干涉检查等。

1. 创建规则实体

【实体】工具栏包括图 7.16 所示的第 2～第 7 个命令按钮，用于生成长方体、楔体、圆锥体、球体、圆柱体和圆环体等基本立体。

图 7.16

【创建长方体】：指定长方体的一个角点，再输入另一对角点的相对坐标。

【创建楔体】：指定楔体的一个角点，再输入另一对角点的相对坐标。

【创建圆锥体】：指定圆锥体底面的中心点，输入圆锥体底面半径及圆锥体高度。

【创建球体】：指定球心，输入球半径。

【创建圆柱体】：指定圆柱体底面的中心点，输入圆柱体半径及高度。

【创建圆环体】：指定圆环中心点，输入圆环体半径及圆管半径。

2. 拉伸

"extrude"命令可以拉伸二维对象生成三维实体。能拉伸的二维对象包括圆、多边形、面域和闭合样条曲线等。操作时，可指定拉伸高度值及拉伸对象的锥角，还可沿某一直线或曲线路径进行拉伸。

执行【拉伸】命令的方法有以下 4 种：

（1）执行【三维工具】→【建模】→【拉伸】命令，如图 7.16 所示。

（2）在命令行中输入"extrude"，然后按 Space 键。

进行上述操作后，系统会执行【拉伸】命令。

下面通过一个实例介绍【拉伸】命令的使用方法：

绘制图 7.17 所示图形。

执行【拉伸】命令，命令行提示如下：

命令：pe

pedit 选择多段线或［多条（M）］：m

选择对象：指定对角点：找到 22 个

选择对象：

是否将直线和圆弧转换为多段线？［是（Y）/否（N）］?<Y> y

输入选项［闭合（C）/打开（O）/合并（J）/宽度（W）/拟合（F）/样条曲线（S）/非曲线化（D）/线型生成（L）/放弃（U）］：j

合并类型 = 延伸

输入模糊距离或［合并类型（J）］<0.0000>：

多段线已增加 21 条线段

输入选项［闭合（C）/打开（O）/合并（J）/宽度（W）/拟合（F）/样条曲线（S）/非曲线化（D）/线型生成（L）/放弃（U）］：

命令：region

选择对象：找到 1 个

选择对象：

已提取 1 个环。

已创建 1 个面域。

命令：region

选择对象：找到 1 个

选择对象：

已提取 1 个环。

已创建 1 个面域。

命令：subtract 选择要从中减去的实体或面域 ...

选择对象：找到 1 个

选择对象：选择要减去的实体或面域 ...

选择对象：找到 1 个

选择对象：

命令：extrude

当前线框密度：ISOLINES=4

选择要拉伸的对象：找到 1 个

选择要拉伸的对象：

指定拉伸的高度或［方向（D）/路径（P）/倾斜角（T）］<500.0000>：3000

得到图 7.18 所示图形。

提示：如果拉伸截面是由线段、圆弧构成的，可用"pedit"命令的"合并(J)"选项将其转换为单一多段线，也可用"extrude"命令拉伸。

如果输入正的拉伸高度，则对象沿 Z 轴正向拉伸。若输

图 7.17

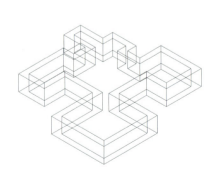

图 7.18

入负值，则沿 Z 轴负向拉伸。当系统提示"指定拉伸的倾斜角度 <O>："时，输入正角度值表示从基准对象逐渐变细地拉伸，而负角度值则表示从基准对象逐渐变粗地拉伸。要注意拉伸斜角不能太大，若拉伸实体截面在到达拉伸高度前已经变成一个点，那么系统将提示不能进行拉伸。

"路径（P）"选项使用户可沿路径拉伸对象。直线、圆弧、椭圆、多段线及样条曲线等都可作为拉伸路径，但路径不能与拉伸对象在同一个平面内，也不能具有曲率较大的区域，否则，有可能在拉伸过程中产生自相交情况。

3. 旋转

"revolve"命令可以旋转二维对象生成三维实体。用于旋转的二维对象可以是圆、椭圆、封闭多段线、封闭样条曲线和面域等。用户通过选择直线，指定两点或 X、Y 轴来确定旋转轴。

执行【旋转】命令的方法有以下 4 种：

（1）执行【绘图】→【建模】→【旋转】命令，如图 7.19 所示。

（2）在命令行输入"revolve"，然后按 Space 键。

（3）单击【建模】工具栏中的【旋转】按钮。

（4）单击【面板】选项中【三维制作】组合框中的【旋转】按钮。

图 7.19

进行上述操作后，系统会执行【旋转】命令。

下面通过一个实例介绍【旋转】命令的使用方法：

绘制图 7.20 所示图形。

执行【旋转】命令，命令行提示如下：

命令：isolines

输入 isolnes 的新值 <4>：15

命令：revolve

当前线框密度：isolnes=15

选择要旋转的对象：找到 1 个【选择 c】

选择要旋转的对象：【按 Space 键】

图 7.20　　　　图 7.21

指定轴起点或根据以下选项之一定义轴［对象（O）/X/Y/Z］<对象>：【选择 a】

指定轴端点：【选择 b】

指定旋转角度或［起点角度（ST）］<360>：【按 Space 键】

得到图 7.21 所示图形。

4. 扫掠

"sweep"命令可以绘制网格面或三维实体。如果要扫掠的对象不是封闭的图形，那么执行【扫掠】命令后得到的是网格面，否则得到的是三维实体。

执行【扫掠】命令的方法有以下 4 种：

（1）执行【绘图】→【建模】→【扫掠】命令，如图 7.22 所示。

（2）在命令行中输入"sweep"，然后按 Space 键。

（3）单击【建模】工具栏中的【扫掠】按钮。

（4）单击【面板】选项中【三维制作】组合框中的【扫掠】按钮。

图 7.22

进行上述操作后，系统会执行【扫掠】命令。

下面通过一个实例介绍【扫掠】命令的使用方法：

绘制图 7.23 所示图形。

执行【扫掠】命令，具体操作命令行提示如下：

命令：sweep

当前线框密度：isolines=4

选择要扫掠的对象：找到 1 个【选取弧线】

选择要扫掠的对象：【按 Space 键】

选择扫掠路径或［对齐（A）/基点（B）/比例（S）/扭曲（T）］：【选取圆】

得到图 7.24 所示图形。

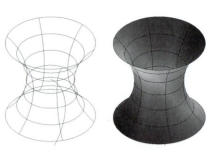

图 7.23　　　　图 7.24

5. 放样

"loft"命令可以将二维图形放样成实体。此命令弥补了拉伸命令的不足。

执行【放样】命令的方法有以下 4 种：

（1）执行【绘图】→【建模】→【放样】命令，如图 7.25 所示。

（2）在命令行输入"loft"，然后按 Space 键。

（3）单击【建模】工具栏中的【放样】按钮，如图 7.26 所示。

（4）单击【面板】选项中的【三维制作】组合框中的【放样】按钮。

进行上述操作后，系统会执行【放样】命令。

下面通过一个实例介绍【放样】命令的使用方法：

绘制图 7.27 所示图形。

执行【放样】命令，命令行提示如下：

命令：loft

按放样次序选择横截面：找到 1 个【选取大圆】

按放样次序选择横截面：找到 1 个，总计 2 个【选取小圆】

按放样次序选择横截面：找到 1 个，总计 3 个【选取矩形】

按放样次序选择横截面：

输入选项［导向（G）/路径（P）/仅横截面（C）］<仅横截面>：p

选择路径曲线：

得到如图 7.28 所示图形。

与实体显示有关的系统变量有 3 个：isolines、facetres 和 dispsilh，下面分别介绍：

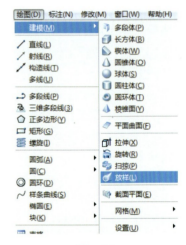

图 7.25

图 7.26

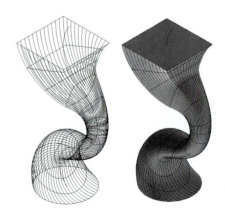

图 7.27　　　　图 7.28

isolines：此变量用于设定实体表面网格线的数量。

facetres：此变量用于设置实体消隐或渲染后表面的网格密度，此变量值的范围为 0.01～10.0，值越大表明网格越密，消隐或渲染后表面越光滑。

dispsilh：此变量用用于控制消隐时是否显示实体表面网格线，若此变量值为 0，则显示网格线；值为 1 时，不显示网格线。

7.4 三维实体的编辑与渲染

7.4.1 三维实体的编辑

1. 拉伸面

AutoCAD 2014 可以根据指定的距离拉伸面或将面沿某条路径进行拉伸。拉伸时，如果是输入拉伸距离值，那么还可输入锥角，这样将使拉伸所形成的实体锥化，当用户通过输入距离值来拉伸面时，面将沿着其法线方向移动。若指定路径进行拉伸，则系统形成拉伸实体的方式会依据不同性质的路径（如直线、多段线、圆弧或样条线等）而各有特点。

执行【拉伸面】命令的方法有以下 3 种：

（1）执行【三维工具】→【实体编辑】→【拉伸面】命令，如图 7.29 所示。

（2）在命令行中输入"solidedit"，然后按下 Space 键。

（3）单击【实体编辑】工具栏中的【拉伸面】按钮 。

进行上述操作后，系统会执行【拉伸面】命令。

下面通过一个实例介绍【拉伸面】命令的使用方法：

绘制图 7.30 所示图形。

执行【拉伸面】命令，命令行提示如下：

命令：solidedit

实体编辑自动检查：solidcheck=1

输入实体编辑选项［面（F）/边（E）/体（B）/放弃（U）/退出（X）］<退出>：_face

输入面编辑选项

［拉伸（E）/移动（M）/旋转（R）/偏移（O）/倾斜（T）/删除（D）/复制（C）/颜色（L）/材质（A）/放弃（U）/退出（X）］<退出>：_extrude

选择面或［放弃（U）/删除（D）］：找到一个面。【选取面 1】

选择面或［放弃（U）/删除（D）/全部（ALL）］：

指定拉伸高度或［路径（P）］：150

指定拉伸的倾斜角度 <30>：0【按 Space 键】

已开始实体校验。

已完成实体校验。

输入面编辑选项

［拉伸（E）/移动（M）/旋转（R）/偏移（O）/倾斜（T）/删除（D）/复制（C）/颜色（L）/材质（A）/放弃（U）/退出（X）］<退出>：X【按 Space 键】

实体编辑自动检查：solidcheck=1

输入实体编辑选项［面（F）/边（E）/体（B）/放弃（U）/退出（X）］<退出>：X【按 Space 键】

图 7.29

图 7.30

得到图 7.31 所示图形。

提示：如果用户指定的拉伸距离及锥角都较大，可能使面在到达指定的高度前已缩小成为一个点，这时系统将提示拉伸操作失败。

路径（P）：沿着一条指定的路径拉伸实体表面。拉伸路径可以是直线、圆弧、多段线及二维样条线等，作为路径的对象不能与要拉伸的表面共面，也应避免路径曲线的某些局部区域有较大的曲率，否则可能使新形成的实体在路径曲率较高处出现自相交的情况，从而导致拉伸失败。拉伸路径的一个端点一般应在要拉伸的面内，如果不是这样，系统将把路径移动到面轮廓的中心。拉伸面时，面从初始位置开始沿路径运动，直至路径终点结束，在终点位置被拉伸的面与路径是垂直的。如果拉伸的路径是二维样条曲线，拉伸完成后，在路径起始点和终止点处被拉伸的面都将与路径垂直。若路径中相邻两条直线段是非平滑过渡的，则系统沿着每一直线段拉伸面后，将把相邻两段实体缝合在其交角的平分处。

图 7.31

可用"pedit"命令的"合并（J）"选项将当前 UCS 平面内的连续几段线条连接成多段线，这样就可以将其定义为拉伸路径了。

2．移动面

可以通过移动面来修改实体的尺寸或改变某些特征（如孔、槽等）的位置。可以通过对象捕捉或输入位移值来精确地调整面的位置，系统在移动面的过程中将保持面的法线方向不变。

执行【移动面】命令的方法有以下 3 种：

（1）执行【修改】→【实体编辑】→【移动面】命令，如图 7.32 所示。

（2）在命令行中输入"solidedit"，然后按 Space 键，然后输入"F"选择"面"选项，再输入"M"选择"移动"选项。

（3）单击【实体编辑】工具栏中的【移动面】按钮 。

进行上述操作后，系统会执行【移动面】命令。

下面通过一个实例介绍【移动面】命令的使用方法。

绘制图 7.33 所示图形。

图 7.32

执行【移动面】命令，命令行提示如下：

命令：solidedit

实体编辑自动检查：solidcheck=1

输入实体编辑选项 [面（F）/边（E）/体（B）/放弃（U）/退出（X）] < 退出 >：_face

输入面编辑选项

[拉伸（E）/移动（M）/旋转（R）/偏移（O）/倾斜（T）/删除（D）/复制（C）/颜色（L）/材质（A）/放弃（U）/退出（X）] < 退出 >：_move

图 7.33

选择面或 [放弃（U）/删除（D）]：找到一个面。【选取面 1】

选择面或 [放弃（U）/删除（D）/全部（ALL）]：

指定基点或位移：【选取中点】

正在检查 528 个交点⋯

指定位移的第二点：300

已开始实体校验。

已完成实体校验。

输入面编辑选项

[拉伸（E）/移动（M）/旋转（R）/偏移（O）/倾斜（T）/删除（D）/复制（C）/颜色（L）/

材质（A)/放弃（U）/退出（X）] <退出>：X【按 Space 键】

实体编辑自动检查：solidcheck=1

输入实体编辑选项 [面（F）/边（E）/体（B）/放弃（U）/退出（X）] <退出>：X【按 Space 键】

得到图 7.34 所示图形。

3. 旋转面

可通过旋转实体的表面将一些结构特征（如孔、槽等）旋转到新的方位，在旋转面时，用户可通过拾取两点、选择某条直线或设定旋转轴平行于坐标轴等方法来指定旋转轴。另外，应注意确定旋转轴的正方向。

图 7.34

执行【旋转面】命令的方法有以下 3 种：

（1）执行【修改】→【实体编辑】→【旋转面】命令，如图 7.35 所示。

（2）在命令行中输入"solidedit"，然后按 Space 键，输入"F"选择"面"选项，再输入"R"选择"旋转"选项。

图 7.35

（3）单击【实体编辑】工具栏中的【旋转面】按钮 。

进行上述操作后，系统会执行【旋转面】命令。

下面通过一个实例介绍【旋转面】命令的使用方法：

绘制图 7.36 所示图形。

执行【旋转面】命令，命令行提示如下：

命令：solidedit

实体编辑自动检查：solidcheck=1

输入实体编辑选项 [面（F）/边（E）/体（B）/放弃（U）/退出（X）] <退出>：_face

图 7.36

输入面编辑选项

[拉伸（E）/移动（M）/旋转（R）/偏移（O）/倾斜（T）/删除（D）/复制（C）/颜色（L）/材质（A）/放弃（U）/退出（X）] <退出>：_rotate

选择面或 [放弃（U）/删除（D）]：找到一个面【选取面 1】

选择面或 [放弃（U）/删除（D）/全部（ALL）]：

指定轴点或 [经过对象的轴（A）/视图（V）/X 轴（X）/Y 轴（Y）/Z 轴（Z）] <两点>：【选取中点 1】

在旋转轴上指定第二个点：【选取中点 2】

指定旋转角度或 [参照（R）]：45

已开始实体校验。

已完成实体校验。

输入面编辑选项

输入面编辑选项

[拉伸（E）/移动（M）/旋转（R）/偏移（O）/倾斜（T）/删除（D）/复制（C）/颜色（L）/材质（A）/放弃（U）/退出（X）] <退出>：X【按 Space 键】

实体编辑自动检查：solidcheck=1

输入实体编辑选项 [面（F）/边（E）/体（B）/放弃（U）/退出（X）] <退出>：X【按 Space 键】

得到图 7.37 所示图形。

图 7.37

4. 压印

【压印】命令可以把圆、直线、多段线、样条曲线、面域及实心体等对象压印到三维实体上，使其成为实体的一部分。用户必须使被压印的几何对象在实体表面内或与实体表面相交，压印操作才能成功。压印时，系统将创建新的表面，该表面以被压印的几何图形及实体的棱边作为边界，用户可以对生成的新面进行拉伸、偏移、复制及移动等操作。将圆压印在实体上，并可将新生成的面向上或向下拉伸。

执行【压印】命令的方法有以下3种：

（1）执行【修改】→【实体编辑】→【压印】命令，如图7.38所示。
（2）在命令行中输入"imprint"，然后按Space键。
（3）单击【实体编辑】工具栏中的【压印】按钮。

进行上述操作后，系统会执行【压印】命令。

下面通过一个实例介绍【压印】命令的使用方法：

绘制图7.39所示图形。

执行【压印】命令，命令行提示如下：

命令：imprint

图 7.38

选择三维实体：【选取面1】

选择要压印的对象：【选取多段线1】

是否删除源对象[是(Y)/否(N)]<N>：y

选择要压印的对象：【按Space键】

得到图7.40所示图形。

图 7.39

启动着色面及【拉伸】命令，命令行提示如下：

命令：solidedit

实体编辑自动检查：solidcheck=1

输入实体编辑选项[面(F)/边(E)/体(B)/放弃(U)/退出(X)]<退出>：_face

输入面编辑选项

[拉伸(E)/移动(M)/旋转(R)/偏移(O)/倾斜(T)/删除(D)/复制(C)/颜色(L)/材质(A)/放弃(U)/退出(X)]<退出>：_color

图 7.40

选择面或[放弃(U)/删除(D)]：找到一个面【选取压印图形】

选择面或[放弃(U)/删除(D)/全部(ALL)]：【按Space键】

弹出【选择颜色】对话框，如图7.41所示。

输入面编辑选项

[拉伸(E)/移动(M)/旋转(R)/偏移(O)/倾斜(T)/删除(D)/复制(C)/颜色(L)/材质(A)/放弃(U)/退出(X)]<退出>：e

选择面或[放弃(U)/删除(D)]：找到一个面【选取压印图形】

选择面或[放弃(U)/删除(D)/全部(ALL)]：

指定拉伸高度或[路径(P)]：200

指定拉伸的倾斜角度<0>：【按Space键】

已开始实体校验。

已完成实体校验。

图 7.41

输入面编辑选项

［拉伸（E）/移动（M）/旋转（R）/偏移（O）/倾斜（T）/删除（D）/复制（C）/颜色（L）/材质（A）/放弃（U）/退出（X）］<退出>：X【按 Space 键】

实体编辑自动检查：solidcheck=1

输入实体编辑选项［面（F）/边（E）/体（B）/放弃（U）/退出（X）］<退出>：X【按 Space 键】

得到图 7.42 所示图形。

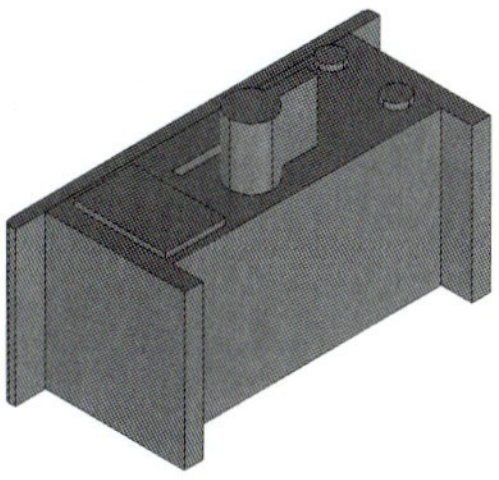

图 7.42

5. 抽壳

可以利用抽壳的方法将实心体模型创建成一个空心的薄壳体。在使用【抽壳】命令时，需要设定壳体的厚度，并选择要删除的面，然后系统按实体表面偏移指定的厚度值形成新的表面。这样，原来的实体就变为一个薄壳体，而在删除表面的位置就形成了壳体的开口。

执行【抽壳】命令的方法有以下 3 种：

（1）执行【修改】→【实体编辑】→【抽壳】命令，如图 7.43 所示。

（2）在命令行中输入"solidedit"，然后按 Space 键，然后输入"B"选择"体"选项，再输入"S"选择"抽壳"选项。

（3）单击【实体编辑】工具栏中的【抽壳】按钮。

进行上述操作后，系统会执行【抽壳】命令。

下面通过一个实例介绍【抽壳】命令的使用方法。

绘制图 7.44 所示图形。

执行【抽壳】命令，命令行提示如下：

命令：solidedit

实体编辑自动检查：solidcheck=1

输入实体编辑选项［面（F）/边（E）/体（B）/放弃（U）/退出（X）］<退出>：_body

图 7.43

图 7.44

输入体编辑选项

［压印（I）/分割实体（P）/抽壳（S）/清除（L）/检查（C）/放弃（U）/退出（X）］<退出>：_shell

选择三维实体：【选取体 1】

删除面或［放弃（U）/添加（A）/全部（ALL）］：找到一个面，已删除 1 个【选取面 1】

删除面或［放弃（U）/添加（A）/全部（ALL）］：【按 Space 键】

输入抽壳偏移距离：15

已开始实体校验。

已完成实体校验。

输入体编辑选项

［压印（I）/分割实体（P）/抽壳（S）/清除（L）/检查（C）/放弃（U）/退出（X）］<退出>：X【按 Space 键】

实体编辑自动检查：solidcheck=1

输入实体编辑选项［面（F）/边（E）/体（B）/放弃（U）/退出（X）］<退出>：X【按 Space 键】

得到图 7.45 所示图形。

图 7.45

7.4.2 三维实体的渲染

1. 渲染环境

执行【渲染环境】命令的方法有以下 4 种：

（1）执行【渲染】→【渲染】→【渲染环境】命令，如图 7.46 所示。

（2）在命令行中输入 "renderenviron"，然后按 Space 键。

进行上述操作后，系统会打开【渲染环境】对话框，在该对话框中可以进行雾化和深度设置，如图 7.47 所示。

图 7.46   图 7.47

2. 设置光源

在使用 AutoCAD 2014 渲染的过程中，光源主要分为环境光、点光源、平行光源和聚光灯光源等几种，用于照亮物体的特殊区域。光源的应用在渲染环境中非常重要，由强度和颜色两个因素决定。

执行【光源】命令的方法有以下 3 种：

（1）执行【渲染】→【光源】命令，如图 7.48 示。

（2）在命令行中输入 "light"，然后按 Space 键。

（3）单击【渲染】工具栏中的【光源】按钮，然后在其下拉菜单中选择相应的菜单项，如图 7.49 所示。

进行上述操作即可创建和管理光源。

下面对【光源】命令下包含的各种命令的用途进行解析：

【创建点光源】按钮：创建从某一点所在位置的发散光源。

【创建聚光灯】按钮：创建聚光灯的对象。

【创建平行光】按钮：创建平行光线的光源以统一照亮背景。

【光源列表】按钮：可以查看已经创建的光源，修改其参数，如图 7.50 所示。

【地理位置】按钮：设置某个位置的纬度、经度和方向，如图 7.51 所示。

图 7.48   图 7.49   图 7.50   图 7.51

【阳光特性】按钮：单击该按钮打开【阳光特性】选项板，如图 7.52 所示。可以设置其参数。

在光源参数设置中各个选项的含义如下：

【阴影】选项：使三维实体在渲染中产生"影子"。

【衰减】选项：设置光线与距离之间的特性关系。

【颜色】选项：指定光源颜色。

【使用界限衰减起始界】选项：设置从光源中心到该位置衰减开始。

【衰减结束界限】选项：设置光源衰减到该位置结束。

【聚光角】选项：指定定义最亮光锥的角度，也称为光束角。

【照射角】选项：指定定义完整光锥的角度，也称为现场角。

提示：创建的光源必须命名，否则可能使创建的光源无效。

3．设置材质

执行【材质】命令的方法有以下两种：

（1）执行【渲染】→【材质】命令，如图 7.53 所示。

（2）在命令行中输入"materisls"，然后按 Space 键。

进行上述操作即可打开【材质】选项板，从中可以为对象选择并附加材质，如图 7.54 所示。

要想添加更多的材质，需要使用【材质库】对话框，调用的方法是执行【工具】→【选项板】命令，然后用鼠标右键单击【工具选项板】右下角的【特性】按钮，在弹出的列表菜单中选择【材质库】菜单项，如图 7.55 所示。

4．设置贴图

执行【材质贴图】命令的方法有以下两种：

（1）执行【视图】→【渲染】→【材质贴图】命令，如图 7.56 所示。

图 7.52

图 7.53　　　　图 7.54　　　　　　　　图 7.55　　　　　　　图 7.56

（2）在命令行中输入"materislmap"，然后按 Space 键。

进行上述操作即可打开【材质贴图】工具。

5．设置高级渲染

执行【高级渲染】命令的方法有以下两种：

（1）执行【渲染】→【高级渲染设置】命令，如图 7.57 所示。

（2）在命令行中输入"rpref"，然后按 Space 键。

图 7.57

进行上述操作即可打开【高级渲染设置】选项板，如图 7.58 所示。

渲染时可以在该选项板中设置各个参数，直到达到所需效果。

6. 在渲染窗口中快速渲染

执行【渲染】命令的方法有以下 3 种：

（1）执行【渲染】→【渲染】命令，如图 7.59 所示。

图 7.58　　　　　　　　　　　　图 7.59

（2）在命令行中输入"render"，然后按 Space 键。

（3）单击【渲染】工具栏中的【渲染】按钮。

进行上述操作就可以在打开的渲染窗口中快速地渲染当前视口中的场景，如图 7.60 所示。

如果需要保存渲染完的图像，操作如下：

（1）执行【文件】→【保存】命令，如图 7.61 所示。

（2）选择保存路径，输入文件名，选择保存的文件类型为 ，然后单击【保存】按钮，弹出图 7.62 所示对话框。在此对话框中设置图像的质量和大小，设置完后单击【确定】按钮即可。

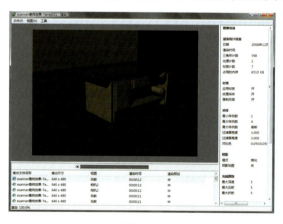

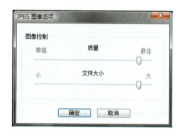

图 7.60　　　　　　　　　　　　图 7.62

本章小结

　　AutoCAD 2014 三维建模功能能够准确地进行模型建立，并通过编辑命令进行编辑。对于数据支持比较明确的建模要求，AutoCAD 2014 的建模功能提供了一种非常准确的建模方式。在本章的学习中，要了解三维坐标系，掌握三维建模命令，进行三维基本模型的建立，并通过编辑命令，进行模型的编辑和调整，然后进行渲染。

思考与实训

　　根据书中实例，建立一个高脚杯模型，并进行渲染。

CHAPTER EIGHT

第 8 章 输出与打印

知识目标

在学习了 AutoCAD 2014 的绘图和建模命令之后，本章着重讲解如何通过输出和打印命令，编辑 AutoCAD 2014 文件。打印和输出是 AutoCAD 2014 绘图后经常使用的命令，因此本章内容具有非常重要的实践意义。

能力目标

1. 能够进行文本的打印设置并熟练打印操作；
2. 能够导出 PDF、JPG 等多种格式的文件，用于不同软件之间的传输和编辑。

8.1 设置布局

8.1.1 模型空间和图纸空间

1. 模型空间

在模型空间中可以自由地按照物体的实际尺寸绘制图形，不仅可以绘制二维图形，还可以绘制三维图形，并赋予其材质、光源等属性，使绘图的图形以真正的三维实体展现在用户面前。为了方便绘图，在模型空间中可以打开多个视口。模型空间中的每一个视口都可以分别定义坐标。不论改变哪一个视口中的对象，其他视口中的对象也会相应改变，也就是说，不同视口中的对象其实是同一个对象，只不过反映了不同的观察方向。

模型空间中视口的特征：

（1）在模型空间中，可以绘制全比例的二维图形和三维模型，并带有尺寸标注。

（2）模型空间中，每个视口都包含对象的一个视图。例如，设置不同的视口会得到俯视图、正视图、侧视图和立体图等。

（3）可用"VPORTS"命令创建视口和视口设置，并可以保存起来，以备后用。

（4）视口是平铺的，它们不能重叠，总是彼此相邻。

（5）在某一时刻只有一个视口处于激活状态，十字光标只能出现在一个视口中，并且只能编辑该活动的视口（平移、缩放等）。

（6）只能打印活动的视口，如果 UCS 图标设置为 ON，该图标就会出现在每个视口中。

（7）系统变量 MAXACTVP 决定了视口的范围是 2～64。

2. 图纸空间

创建多视图图形布局，图纸空间是图纸布局环境，可以在其中指定图纸大小、添加标题栏、显示模型的多个视图以及创建图形标注和注释，一个布局代表一张可以使用各种比例显示一个或多个模型视图的图纸。

图纸空间中视口的特征：

（1）状态栏上的 PAPER 取代了 MODEL。

（2）"VPORTS""PS""MS"和"VPLAYER"命令处于激活状态（只有激活了"MS"命令后，才可使用"PLAN""VPOINT"和"DVIEW"命令）。

（3）视口的边界是实体，可以删除、移动、缩放、拉伸视口。

（4）视口的形状没有限制，可以创建圆形视口、多边形视口等。

（5）视口不是平铺的，可以用各种方法将它们重叠、分离。

（6）每个视口都在创建它的图层上，视口边界与图层的颜色相同，但边界的线型总是实线。出图时如不想打印视口，可将其单独置于一图层上，关闭或冻结即可。

（7）可以同时打印多个视口。

（8）十字光标可以不断延伸，穿过整个图形屏幕，与每个视口无关。

（9）可以通过"MVIEW"命令打开或关闭视口；可以用"SOLVIEW"命令创建视口或者用"VPORTS"命令恢复在模型空间中保存的视口。在缺省状态下，视口创建后都处于激活状态。关闭一些视口可以提高重绘速度。

（10）在打印图形且需要隐藏三维图形的隐藏线时，可以使用"MVIEW"命令拾取要隐藏的视口边界。

（11）系统变量 MAXACTVP 决定了活动状态下的视口数是 64。

8.1.2 模型空间和图纸空间的切换

切换模型空间和图纸空间有两种方法。

1. 单击【模型】和【布局】标签

在模型空间和图纸空间绘图区左下角都有【模型】和【布局】标签。单击标签就可切换到相应的空间。

2. 使用状态栏中的【模型/图纸】选项按钮

如果当前为模型空间，那么该选项为【模型】，单击【模型】按钮即可切换到图纸空间，该按钮随之变为【图纸】。

提示：模型空间和图纸空间中坐标系图标的显示形状是不同的，在模型空间中的坐标系图标是两个互相垂直的箭头，而在图纸空间中是一个三角形。

8.1.3 创建布局

布局是一种图纸空间环境，它模拟图纸页面，提供直观的打印设置。在使用布局之前可先创建一个新的布局，布局设置的属性直接决定着以后打印的图纸样式。

布局的创建可以通过执行【工具】→【向导】→【创建布局】命令进行，这时会弹出【创建布局 -

开始】对话框,如图 8.1 所示。

  此对话框是创建布局的开始页,在其右下角的文本框中,可以输入所创建布局的名称,如果不输入名称,系统会按已有布局的顺序以"布局 N"的形式来命名,其中"N"代表数字。在【创建布局 – 开始】对话框中单击【下一步】按钮,进入设置打印机的页面,如图 8.2 所示。

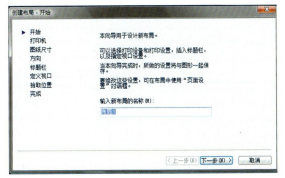
图 8.1

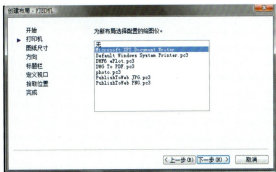
图 8.2

  在该对话框中,右边的列表框中列出了系统已经配置的打印机,可以选择其中的一个作为所创建布局使用的打印机。如果需要的打印机驱动程序还没有安装,那么在使用该向导创建布局之前应该先配置该打印机。在【创建布局 – 打印机】对话框中单击【下一步】按钮,进入设置打印所用图纸尺寸的页面,如图 8.3 所示。

  在该对话框右边的下拉列表框中所列出的是各种图纸尺寸标准。其中"ANSI"为美国国家标准协会标准,其默认单位为英寸。在【图形单位】选项区中可以设置图纸所用单位,选取不同的单位,右边的选项区中会按照该单位类型显示所选的标准图纸尺寸。在【创建布局 – 打印机】对话框中单击【下一步】按钮,将设置在该布局下打印图纸的方向,如图 8.4 所示。

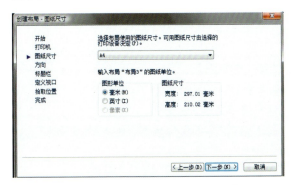
图 8.3

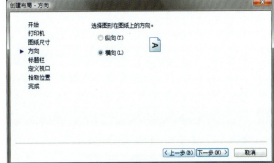
图 8.4

  可以在此对话框中设置纵向打印或横向打印。单击【下一步】按钮,进入选择该布局中使用标题图块的页面,如图 8.5 所示。

  在该对话框中,左边的列表框是各种标准的图纸标题,主要标准有"ANSI"(美国国家标准)、"DIN"(德国国家标准)、"ISO"(国际标准)和"JIS"(日本国家标准)等。可以选择一种作为所创建的布局中使用的标题。选择之后,可以在右边看到所选择标题的预览图片。另外,也可以使用自己创建的标题图块作为布局的标题栏。在对话框中单击【下一步】按钮,进入创建布局视口的页面,如图 8.6 所示。

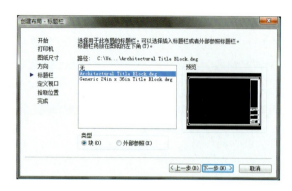
图 8.5

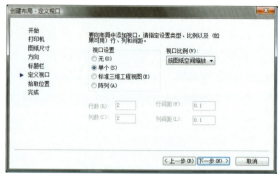
图 8.6

1. 视口设置

【无】：选取该选项表示不在布局中创建视口。

【单个】：选取该选项表示只在布局中创建一个视口。

【标准三维工程视图】：选取该选项表示将使用标准的三维工程视图，它将产生两行、两列 4 个视口，分别显示顶、前、侧和等轴测视图。可以在右下方的文本框中分别输入行间距和列间距。

【阵列】：选取该选项表示使用阵列的视口，可以在激活的文本框中输入阵列的行数、列数以及行间距、列间距。

2. 视口比例

在此下拉列表框中可以选择在视口中显示的图形比例，其中【按图纸空间缩放】选项表示显示的图形自动充满整个布局的图纸；其他比例值表示布局中显示的图形与模型空间中图形的大小比例，如 1 : 2 表示图纸中显示的图形大小为模型空间中图形的一半。

设置好视口后，单击【下一步】按钮，进入拾取视口位置的页面，如图 8.7 所示，在该对话框中可以确定视口在布局中的位置。单击【选择位置】按钮可以进入布局空间中指定视口的位置。

命令行提示如下：

命令：layoutwizard 正在重生成布局

指定第一个角点：【在屏幕上拾取一点作为视口的第一个角点】

指定对角点：【在对角拾取一点确定视口的位置和大小】

确定了视口的位置后，会弹出图 8.8 所示的【创建布局 - 完成】对话框。

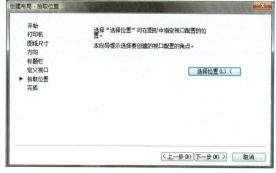
图 8.7　　　　　　　　　　　　　　图 8.8

单击【完成】按钮即可完成布局的创建，系统自动进入新建的布局空间，并且在绘图区下方显示该布局的标签名称。

8.1.4 操作布局

创建布局后，可以像操作图形对象那样对它进行复制、删除等操作。可以使用 AutoCAD 2014 提供的布局操作命令"layout"；也可以在绘图区下面的布局标签上单击鼠标右键，从激活的快捷菜单中选取一个选项来进行操作。

"layout"命令的命令行提示如下：

命令：layout

输入布局选项［复制（C）/删除（D）/新建（N）/样板（T）/重命名（R）/另存为（SA）/设置（S）/?］＜设置＞：【在该提示下可以选取一种选项对布局进行操作】

现将"layout"命令中的各选项介绍如下：

复制（C）：使用该选项可以复制指定的布局。命令行提示如下：

输入布局选项［复制（C）/删除（D）/新建（N）/样板（T）/重命名（R）/另存为（SA）/设置（S）/?］＜设置＞：c

输入要复制的布局名＜布局 2＞：

输入复制后的布局名、＜布局 2（2）＞：A4【在此输入复制后的布局名】

布局＜布局 2＞已复制到"A4"。

删除（D）：对于不再使用的布局可以用该选项将它删除，但"模型"选项卡不能被删除。命令行提示如下：

输入布局选项［复制（C）/删除（D）/新建（N）/样板（T）/重命名（R）/另存为（SA）/设置（S）/?］＜设置＞：d

输入要删除的布局名＜A4＞：

正在重生成布局。

正在重生成模型。

布局"A4"已删除。

提示：如果删除的是当前正在使用的布局，系统将自动进入下一个布局或模型空间，模型标签不能被删除。

新建（N）：前面已经讲述过创建布局的简单方法，在这里使用该选项可以在命令行中完成新布局的创建工作。命令行提示如下：

输入布局选项［复制（C）/删除（D）/新建（N）/样板（T）/重命名（R）/另存为（SA）/设置（S）/?］＜设置＞：n

输入新布局名＜布局 3＞：

输入要创建布局的名称，确认后在绘图区下面会出现该布局的标签。

样板（T）：输入"T"并按 Enter 键，打开图 8.9 所示的对话框，可从中打开已创建好的布局。

重命名（R）：使用该选项可修改已有布局的名称。命令行提示如下：

输入布局选项［复制（C）/删除（D）/新建（N）/样板（T）/重命名（R）/另存为（SA）/设置（S）/?］＜设置＞：r

输入要重命名的布局＜布局 2＞：

输入新布局名：布局 3

布局"布局 2"已重命名为"布局 3"。

另存为（SA）：使用该选项可以将某个布局保存为布局样板。命令行提示如下：

输入布局选项［复制（C）/删除（D）/新建（N）/样板（T）/重命名（R）/另存为（SA）/设置（S）/?］＜设置＞：sa

输入要保存到样板的布局 < 布局 2 >：

输入样板的布局名称后，激活了图 8.10 所示的【创建图形文件】对话框。

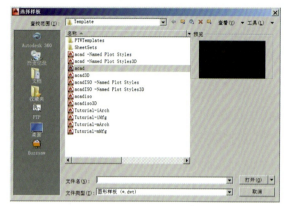
图 8.9

图 8.10

在该对话框中选择样板的保存位置以及文件名。建立好一个布局样板后就可以用该样板来创建新布局了。

设置（S）：使用该选项可以将当前图形文件中的一个布局设定为当前布局，命令行提示如下：

输入布局选项［复制（C）／删除（D）／新建（N）／样板（T）／重命名（R）／另存为（SA）／设置（S）／？］< 设置 >：s

输入要置为当前的布局 < 布局 2 >：布局 3

正在重生成布局。

正在重生成模型。

使用该选项后，绘图区自动切换到指定的布局空间。

？：如果在提示中输入"？"，系统将列出当前图形中所有定义过的布局名称，命令行提示如下：

输入布局选项［复制（C）／删除（D）／新建（N）／样板（T）／重命名（R）／另存为（SA）／设置（S）／？］< 设置 >：？

活动布局：

布局：布局 1，块名为：*Paper—Space4。

布局：布局 2，块名为：*Paper—Space6。

布局：布局 3，块名为：*Paper—Space。

8.2　输出图形

图纸设计的最后一步是出图打印，通常意义上的打印是把图形打印在图纸上，在 AutoCAD 2014 中用户也可以生成一份电子图纸，以便在互联网上访问。打印图形的关键问题之一是打印比例。图样是按 1∶1 的比例绘制的，输出图形时需考虑选用多大幅面的图纸及图形的缩放比例，有时还要调整图形在图纸上的位置和方向。

AutoCAD 2014 有两种图形环境：图纸空间和模型空间。默认情况下都是在模型空间绘图，并从该空间出图。采用这种方法输出不同绘图比例的多张图纸时比较麻烦，需将其中的一些图纸进行缩放，再将所有图纸布置在一起形成更大幅面的图纸输出。图纸空间能轻易地满足这种需求，该绘图环境提供了标准幅面的虚拟图纸，用户可在虚拟图纸上以不同的缩放比例布置多个图形，然后按1∶1比例出图，能够达到所见即所得的效果。

8.2.1 打印图形的过程

在模型空间中将工程图样布置在标准幅面的图框内，再标注尺寸及书写文字，就可以输出图形了。输出图形的主要过程如下：

（1）指定打印设备，可以是 Windows 系统打印机或在 AutoCAD 2014 中安装的打印机。

（2）选择图纸幅面及打印份数。

（3）设定要输出的内容。例如，可指定将某一矩形区域的内容输出，或将包围所有图形的最大矩形区域输出。

（4）调整图形在图纸上的位置及方向。

（5）选择打印样式，若不指定打印样式，则按对象的原有属性进行打印。

（6）设定打印比例。

（7）预览打印效果。

下面通过实例说明从模型空间打印图形的方法：

（1）原始文件如图 8.11 所示。

（2）执行【文件】→【打印】命令，打开【打印 – 模型】对话框，如图 8.12 所示。在该对话框中完成以下设置：

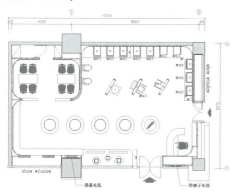

图 8.11

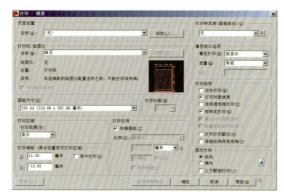

图 8.12

在【打印机/绘图仪】分组框的【名称（M）】下拉列表中选择打印设备。

在【图纸尺寸】下拉列表中选择【A3】幅面图纸。

在【打印份数】文本框中输入打印份数。

在【打印范围】下拉列表中选择【窗口】选项。

在【打印比例】分组框中设置打印比例【1∶50】。

在【打印偏移】分组框中指定打印原点为【居中打印】。

在【图形方向】分组框中设定图形打印方向为【横向】。

在【打印样式表】分组框的下拉列表中选择打印样式【monochrome.ctb】（将所有颜色打印为黑色）。

（3）单击【预览】按钮，预览打印效果，如图 8.13 所示。

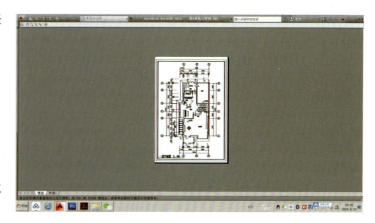

图 8.13

若满意，按 Esc 键返回【打印－模型】对话框，再单击【确定】按钮开始打印。

8.2.2 设置打印参数

在 AutoCAD 2014 中，用户可使用内部打印机或 Windows 系统打印机输出图形，并能方便地修改打印机设置及其他打印参数。执行【文件】→【打印】命令，弹出【打印－模型】对话框，如图 8.14 所示。在此对话框中可配置打印设备及选择打印样式，还能设定图纸幅面、打印比例及打印区域等参数。下面介绍该对话框的主要功能。

1. 选择打印设备

在【打印机/绘图仪】分组框的【名称（M）】下拉列表中，可选择 Windows 系统打印机或 AutoCAD 内部打印机（".pc3" 文件）作为输出设备。请注意，这两种打印机名称前的图标是不一样的。当选定某种打印机后，【名称（M）】下拉列表中将显示被选中设备的名称、连接端口以及其他有关打印机的注释信息。

若要将图形输出到文件，则应在【打印机/绘图仪】分组框中选中【打印到文件】复选框。此后，当单击【打印－模型】对话框的【确定】按钮时，系统将弹出【浏览打印文件】对话框，用户通过此对话框指定输出文件名称及地址。

如果想修改当前打印机设置，可单击【特性】按钮，打开【绘图仪配置编辑器】对话框，如图 8.15 所示。在该对话框中可以重新设定打印机端口及其他输出设置，如打印介质、图形特性、物理笔配置、自定义特性、校准及自定义图纸尺寸等。

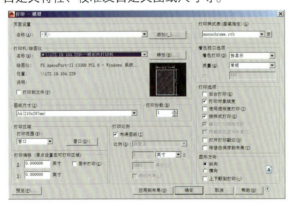
图 8.14

图 8.15

【绘图仪配置编辑器】对话框包含【基本】【端口】和【设备和文档设置】3 个选项卡，各选项卡功能如下：

【基本】：该选项卡包含了打印机配置文件（".pc3" 文件）的基本信息，如配置文件名称、驱动程序信息及打印机端口等，用户可在此选项卡的【说明】分组框中加入其他注释信息。

【端口】：通过此选项卡用户可修改打印机与计算机的连接设置，如选定打印端口、指定打印到文件及后台打印等。

提示：若使用后台打印，则允许用户在打印的同时运行其他应用程序。

【设备和文档设置】：在该选项卡中可以指定图纸来源、尺寸和类型，并能修改颜色深度、打印分辨率等。

2. 选择打印样式

打印样式是对象的一种特性，如同颜色、线型一样。如果为某个对象选择了一种打印样式，则在输出图形后，对象的外观由样式决定。AutoCAD 2014 提供了几百种打印样式，并将其组合成一系列打印样式表。打印样式表有以下两类：

（1）颜色相关打印样式表：颜色相关打印样式表以".ctb"为文件扩展名保存，该表以对象颜色为基础，共包含255种打印样式，每种颜色对应一个打印样式，样式名分别为"颜色1""颜色2"等。不能添加或删除颜色相关打印样式，也不能改变它们的名称。若当前图形文件与颜色相关打印样式表相关联，则系统自动根据对象的颜色分配打印样式。不能选择其他打印样式，但可以对已分配的样式进行修改。

（2）命名相关打印样式表：命名相关打印样式表以".stb"为文件扩展名保存，该表包括一系列已命名的打印样式，可修改打印样式的设置及其名称，还可添加新的样式。若当前图形文件与命名相关打印样式表相关联，则可以给对象指定样式表中的任意一种打印样式，而不管对象的颜色是什么。

AutoCAD 2014 新建的图形不是处于"颜色相关"模式下就是处于"命名相关"模式下，这和创建图形时选择的样板文件有关。若采用无样板方式新建图形，则可事先设定新图形的打印样式模式。执行"options"命令，系统弹出【选项】对话框，进入【打印和发布】选项卡，再单击【打印样式表设置】按钮，打开【打印样式表设置】对话框，如图 8.16 所示。

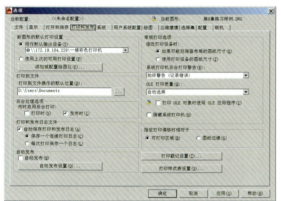 

图 8.16

通过此对话框设置新图形的默认打印样式模式。当选中【使用命名打印样式】单选项并指定打印样式表后，还可从样式表中选取对象或图层"0"所采用的默认打印样式。

在【打印－模型】对话框【打印样式表】分组框的【名称】（无标签）下拉列表中包含了当前图形中所有的打印样式表，如图 8.17 所示，可选择其中之一或不作任何选择。若不指定打印样式表，则系统按对象的原有属性进行打印。

要修改打印样式时，可单击【名称】下拉列表右边的按钮，打开【打印样式表编辑器】对话框，利用此对话框可查看或改变当前打印样式表中的参数，如图 8.18 所示。

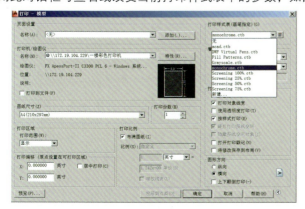

图 8.17　　　　　　　　　　图 8.18

3. 选择图纸幅面

在【打印-模型】对话框的【图纸尺寸】下拉列表中指定图纸大小，如图 8.19 所示。【图纸尺寸】下拉列表中包含了已选打印设备可用的标准图纸尺寸。当选择某种幅面的图纸时，该列表右上角出现所选图纸及实际打印范围的预览图像（打印范围用阴影表示出来，可在【打印区域】中设定）。将光标移到图像上面，在光标位置处即可显示出精确的图纸尺寸及图纸上可打印区域的尺寸。

除了从【图纸尺寸】下拉列表中选择标准图纸外，用户也可以创建自定义的图纸尺寸。此时，用户需要修改所选打印设备的配置。下面通过实例说明修改所选打印设备的配置的方法：

（1）在【打印-模型】对话框的【打印机/绘图仪】分组框中单击【特性】按钮，打开【绘图仪配置编辑器】对话框，在【设备和文档设置】选项卡中选择【自定义图纸尺寸】选项，如图 8.20 所示。

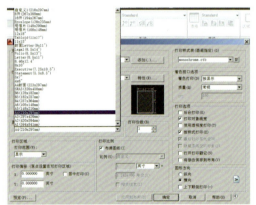

图 8.19

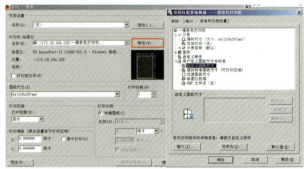

图 8.20

（2）单击【添加】按钮，弹出【自定义图纸尺寸】对话框，如图 8.21 所示。
（3）连续单击【下一步】按钮，并根据提示设置图纸参数，最后单击【完成】按钮结束。
（4）返回【打印-模型】对话框，系统将在【图纸尺寸】下拉列表中显示自定义图纸尺寸。

4. 设定打印区域

在【打印-模型】对话框的【打印区域】分组框中设置要输出的图形范围，如图 8.22 所示。

图 8.21

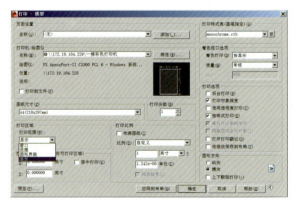

图 8.22

该区域的【打印范围】下拉列表中包含 5 个选项，功能如下：

【图形界限】：从模型空间打印时，【打印范围】下拉列表中将列出【图形界限】选项。选择该选项，系统就把设定的图形界限范围（用"LIMITS"命令设置图形界限）打印在图纸上。从图纸空间打印时，【打印范围】下拉列表将列出【布局】选项。选择该选项，系统将打印虚拟图纸，可打印区域内的所有内容。

【范围】：打印图样中所有图形对象。

【显示】：打印整个图形窗口。

【窗口】：打印用户自己设定的区域。选择此选项后，系统提示指定打印区域的两个角点，同时在【打印 – 模型】对话框中显示【窗口】按钮，单击此按钮，可重新设定打印区域。

5. 设定打印比例

在【打印 – 模型】对话框的【打印比例】分组框中设置出图比例，如图 8.23 所示。绘制阶段根据实物按 1∶1 比例绘图，出图阶段需依据图纸尺寸确定打印比例，该比例是图纸尺寸单位与图形单位的比值。当测量单位是毫米，打印比例设定为 1∶2 时，表示图纸上的 1mm 代表两个图形单位。

【比例】下拉列表中包含了一系列标准缩放比例值。此外，还有【自定义】选项，该选项使用户可以自己指定打印比例。从模型空间打印时，【打印比例】的默认设置是【布满图纸】。此时，系统将缩放图形以充满所选定的图纸。

6. 调整图形打印方向和位置

图形在图纸上的打印方向通过【图形方向】分组框中的选项调整，如图 8.24 所示。该区域包含一个图标，此图标表明图纸的放置方向，图标中的字母代表图形在图纸上的打印方向。

图 8.23

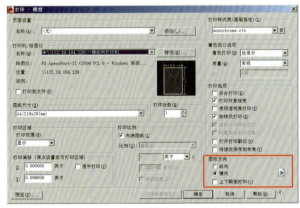

图 8.24

【图形方向】包含以下 3 个选项，各个选项含义如下：

【纵向】：图形按图纸纵向出图。

【横向】：图形按图纸横向出图。

【反向打印】：使图形颠倒打印，此选项可与【纵向】【横向】结合使用。

图形在图纸上的打印位置由【打印偏移】确定，如图 8.25 所示。

在默认情况下，分组框从图纸左下角打印图形。打印原点处在图纸左下角位置，坐标是（0，0），可在【打印偏移】分组框中设定新的打印原点，这样图形在图纸上将沿 X 轴和 Y 轴移动。

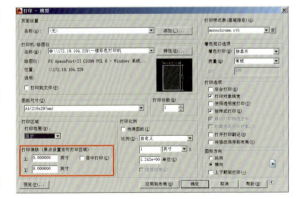

图 8.25

该分组框包含以下 3 个选项，各个选项的功能如下：

【居中打印】：在图纸正中间打印图形（自动计算 X 和 Y 方向的偏移值）。

【X】：指定打印原点在 X 方向的偏移值。

【Y】：指定打印原点在 Y 方向的偏移值。

提示：如果不知道打印机如何确定原点，可试着改变一下打印原点的位置并预览打印结果，然后根据图形的移动距离推测原点位置。

7. 预览打印效果

打印参数设置完成后，可通过打印预览观察图形的打印效果，如果不合适可重新调整，以免浪费纸张。

单击【打印-模型】对话框下面的【预览】按钮，系统显示实际的打印效果。由于系统要重新生成图形，因此对于复杂图形耗费时间较多。

预览时，光标变成"放大镜"，可以进行实时缩放操作。查看完毕后，按 Esc 键或 Enter 键返回【打印-模型】对话框。

8. 保存打印设置

选择打印设备并设置完成打印参数后（图纸幅面、比例及方向等），可以将所有这些保存在页面设置中，以便以后使用，如图 8.26 所示。

在【打印-模型】对话框【页面设置】分组框的【名称】下拉列表中列出了所有已命名的页面设置。若要保存当前页面设置就单击该列表右边的【添加】按钮 ，打开【添加页面设置】对话框，如图 8.27 所示。在该对话框的【新页面设置名】文本框中输入页面名称，然后单击【确定】按钮，存储页面设置。

也可以从其他图形中输入已定义的页面设置。在【页面设置】分组框的【名称】下拉列表中选择【输入】选项，打开【从文件选择页面设置】对话框，如图 8.28 所示。在该对话框中选择并打开所需的图形文件，弹出【输入页面设置】对话框。该对话框显示图形文件中包含的页面设置，选择其中之一，单击【确定】按钮完成设置。

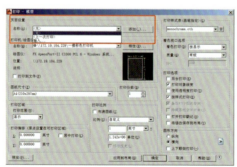
图 8.26

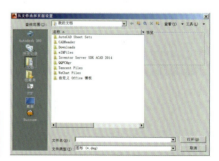
图 8.27　　　　图 8.28

本章小结

本章介绍了如何进行文件布局的设置以及图形的输出。通过本章内容的学习，读者能够熟练地掌握 AutoCAD 2014 的打印设置和输出图形的方法，了解打印和输出过程中的操作细节，更便捷地进行打印和输出命令的操作。

思考与实训

将已经绘制的二维图形和三维模型进行打印。

CHAPTER NINE

第 9 章 综合实例

知识目标

综合以往所学的所有知识点和内容，运用 AutoCAD 2014 软件，进行装饰平面图、装饰立面图和剖面图的绘制。将学过的绘制命令和编辑命令进行综合性的串联，让用户对 AutoCAD 2014 有直观的认识和了解。

能力目标

1. 掌握 AutoCAD 2014 的二维绘图和编辑命令；
2. 综合性地运用 AutoCAD 2014 进行二维制图。

9.1 装饰平面图的绘制

9.1.1 准备工作

1. 确定单位

在命令行输入"UNITS"，按 Enter 键，弹出图形单位对话框，如图 9.1 所示。

2. 设置绘图区域的大小

系统默认的绘图区域是 A3 图纸的大小，即 420×297，本例中将绘图区域设置为 42 000×29 700，即将 A3 图纸放大 100 倍，按 1∶1 的比例绘制图形。命令行提示如下：

命令：limits
重新设置模型空间界限：
指定左下角点或 [开（ON）/关（OFF）] <0, 0>：
指定右上角点 <420，297>：42000，29700

3. 建立图层

最好分层绘图，以方便后面选择、编辑对象等操作。执行【默认】→【图层】命令，分别设置每个图层的名称、线型、线宽、颜色等属性。图层设置名称要通俗易懂，最好用英文或拼音，如图 9.2 所示。

图 9.1

图 9.2

9.1.2 绘制图形

利用所学知识绘制图 9.3 所示图形。

1. 绘制轴线

在【图层特性管理器】中选"cen"图层，如图 9.4 所示。

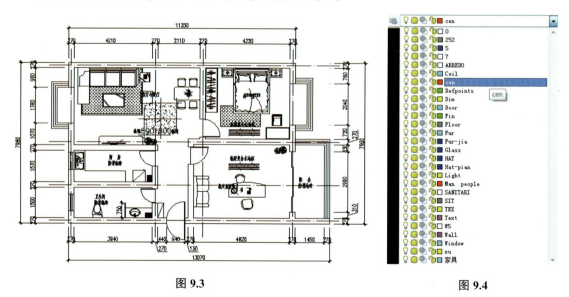

图 9.3　　　　　　　　　　　　　　　　　图 9.4

根据图形尺寸用【直线】命令绘制图 9.5 所示的定位轴线，并在【特性】选项卡中修改其比例为 50。

2. 用【偏移】命令绘制墙线

执行【偏移】命令绘制墙线并将墙线匹配到"wall"图层，如图 9.6 所示。

用"fillet"和"trim"命令将墙线编辑成图 9.7 所示图形。

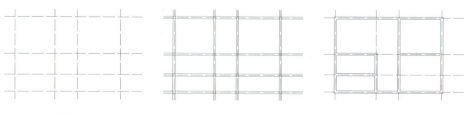

图 9.5　　　　　　　图 9.6　　　　　　　图 9.7

3. 绘制门窗

（1）绘制门。使用【圆弧】命令和【矩形】命令绘制一道宽度为 800 的门，并将其用 "block" 命令编辑成图块，如图 9.8 所示。

图 9.8

"block" 命令设置如图 9.9 所示。

用【偏移】命令和【复制】命令绘制其他的门。

（2）绘制窗。根据图形尺寸用【直线】命令和【偏移】命令绘制窗，并匹配到 "windows" 图层，如图 9.10 所示。

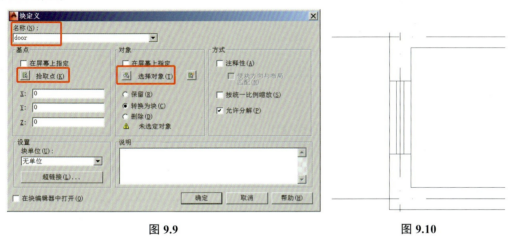

图 9.9　　　　　　　　　　　图 9.10

绘制图形中的所有窗，得到图 9.11 所示图形。

4. 平面布置

家具可以自己绘制，也可从图库内调用，调用时只需修改其尺寸和图层，如图 9.12 所示。

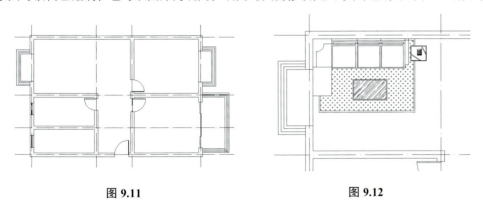

图 9.11　　　　　　　　　　　图 9.12

将沙发调入后要将其匹配到 "0" 图层，然后编辑成图块，再匹配到 "fur" 图层，如图 9.13 所示。

根据上述操作将所需要的图块调入图形，如图 9.14 所示。

5. 文字标注

（1）设置文字样式。执行【格式】→【文字样式】命令，弹出【文字样式】对话框，新建样式为 "STYLE6" 的文字样式，并设置为当前。设置如图 9.15 所示。

（2）将当前图层设为 "text" 图层，使用【多行文字】命令进行标注，如图 9.16 所示。

根据上述操作将文字标注完成，如图 9.17 所示。

6. 尺寸标注

装饰平面图的轴线尺寸可不标注。将轴线图层关闭。根据前面所学设置好尺寸标注样式，设置为当前。图层设为 "dim" 图层，用【线性标注】和【连续标注】命令进行标注，如图 9.18 所示。

图 9.13　　　　　　　　　　　　图 9.14

图 9.15　　　　　　　　　　　　图 9.16

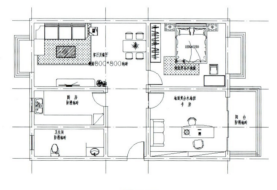
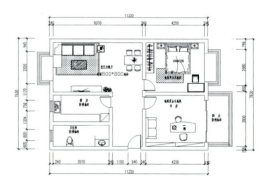

图 9.17　　　　　　　　　　　　图 9.18

7. 打印输出

（1）打印过程。在打印时，一般有两种方法：一是在模型空间中完成，另一种是在图纸空间中完成。这里就在模型空间中进行打印，主要过程如下：

①指定打印设备，可以是 Windows 系统打印机或在 AutoCAD 2014 中安装的打印机。

②选择图纸幅面和打印份数。

③设定要输出的内容。例如，用户可指定将一矩形区域的内容输出，或将包围所有图形的最大矩形区域输出。

④调整图形在图纸上的位置和方向。

⑤选择打印样式。若不指定打印样式，则将按对象的原有属性进行打印。

⑥设定打印比例。

⑦预览打印效果。

（2）打印设置如图 9.19 所示。

（3）打印预览如图 9.20 所示。

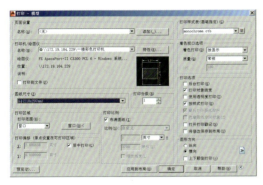

图 9.19

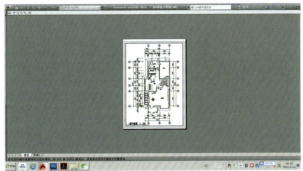

图 9.20

（4）打印出图。如果满意后，单击【确定】按钮，开始打印。

9.2 装饰立面图及剖面图的绘制

9.2.1 装饰立面图的绘制

室内装饰立面图主要是用来表示室内墙面装饰构成的。在施工过程中，立面图是用于室内外装修工程的依据。立面图与平面图的绘制方法基本相同，首先应选定绘制比例和图幅。室内装饰立面图可以按平面图中各房间各墙面标注的方向来确定名称。立面图与平面的对应部位应该长对正。

主要绘图步骤如下：

（1）绘制平面图及室内立面图，将立面图对应的平面局部复制一份移出，再根据"长对正"绘制引线，然后绘制竖向装饰图。

（2）确定立面图的地平线，根据布图的方便，可以在"长对正"所绘制的引线范围内随意确定立面图的地平线，一旦确定此地平线，立面图的其他图线也就相对确定了。

（3）根据高度尺寸绘制立面图的外轮廓线及细部。

（4）标注标高、尺寸。

（5）注写材料说明等文字。

9.2.2 装饰剖面图的绘制

剖面图的绘制需要对其内部的结构、材料及施工工艺非常了解，否则是无法进行的。

主要绘图步骤如下：

（1）绘制平面图、立面图。

（2）在平面图中标出要绘制的剖面图的剖切位置线，其剖切位置线一般在立面图中标出。

(3)绘制剖面图时,为了提高速度,在平面图、立面图中,将要绘制剖面图的部位根据"长对正、宽相等、高平齐"的原理用构造线分别引出,以便快速确定剖面图的外轮廓线和主要构件位置。

(4)根据各细部构造设计分别绘制细部图线。

(5)标注尺寸。

(6)注写材料说明等文字。

实例最终效果如图 9.21 所示。

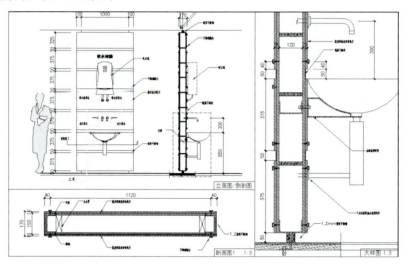

图 9.21

本章小结

如何将 AutoCAD 2014 的二维绘图和编辑命令综合性地应用到实际的操作中,需要读者不断地揣摩和体会,这样才能对 AutoCAD 2014 进行熟练、准确的操作。本章从实践的角度出发,以装饰平、立、剖面的绘制为例,将所学的内容进行系统的展示,让学习者有一个可以参考的应用实例,以便更好地理解和掌握 AutoCAD 2014。

思考与实训

根据书中实例,绘制装饰平面图、立面图和剖面图。

附录　AutoCAD快捷键一览表[1]

AutoCAD 是目前世界各国工程设计人员的首选设计软件。简便易学、精确无误是 AutoCAD 受到青睐的两个重要原因。AutoCAD 提供的命令有很多，绘图时最常用的命令只有其中的 20%。虽然 AutoCAD 提供了完善的菜单和工具栏两种输入方法，但是采用键盘输入命令时由于有些常用命令较长，如"BHATCH"（填充）、"EXPLODE"（分解），在输入时击键次数多，影响绘图速度，使用时仍有不便。因此要提高绘图速度，还需要掌握 AutoCAD 提供的快捷命令输入法，现将其总结如下：

（1）快捷命令通常是该命令英文单词的第一个或前面两个字母，有的是前三个字母。比如，直线（LINE）的快捷命令是"L"；复制（COPY）的快捷命令是"CO"；线型比例（LTSCALE）的快捷命令是"LTS"。在使用过程中，试着用命令的第一个字母，不行就用前两个字母，最多用前三个字母，也就是说，AutoCAD 的快捷命令一般不会超过三个字母，如果一个命令用前三个字母都不行的话，只能输入完整的命令。

（2）另外一类的快捷命令通常由 Ctrl 键和一个字母组成，或者用功能键 F1～F8 来定义。比如"Ctrl + N""Ctrl + O""Ctrl + S""Ctrl + P"分别表示新建、打开、保存、打印文件，F3 表示"对象捕捉"。

（3）如果有些命令的第一个字母都相同的话，那么常用的命令取第一个字母，其他命令可用前面两个或三个字母表示。比如"R"表示 REDRAW，"RA"表示 REDRAWALL；"L"表示 LINE，"LT"表示 LINETYPE，"LTS"表示 LTSCALE。

（4）个别例外的需要记忆，比如"修改文字"（DDEDIT）就不是"DD"，而是"ED"；还有"AA"表示 AREA，"T"表示 MTEXT，"X"表示 EXPLODE。

（5）本表快捷命令定义格式为："快捷命令名称，＊英文命令全名（中文命令名称）"，如：CO，＊COPY（复制）。

AutoCAD 常见的快捷命令

（一）字母类
1. 对象特性
ADC，＊ADCENTER（设计中心 Ctrl + 2）
CH，MO ＊PROPERTIES（修改特性 Ctrl + 1）
MA，＊MATCHPROP（属性匹配）
ST，＊STYLE（文字样式）
COL，＊COLOR（设置颜色）
LA，＊LAYER（图层操作）
LT，＊LINETYPE（线型）
LTS，＊LTSCALE（线型比例）
LW，＊LWEIGHT（线宽）
UN，＊UNITS（图形单位）
ATT，＊ATTDEF（属性定义）
ATE，＊ATTEDIT（编辑属性）
BO，＊BOUNDARY（边界创建，包括创建闭合多段线和面域）
AL，＊ALIGN（对齐）
EXIT，＊QUIT（退出）
EXP，＊EXPORT（输出其他格式文件）
IMP，＊IMPORT（输入文件）
OP，＊OPTIONS（自定义 CAD 设置）
PR，＊PRINT（打印）

---

[1] 为表示清晰，附录中命令均为英文大写形式。

附录　AutoCAD 快捷键一览表

PU，*PURGE（清除垃圾）
R，*REDRAW（重新生成）
REN，*RENAME（重命名）
SN，*SNAP（捕捉栅格）
DS，*DSETTINGS（设置极轴追踪）
OS，*OSNAP（设置捕捉模式）
PRE，*PREVIEW（打印预览）
TO，*TOOLBAR（工具栏）
V，*VIEW（命名视图）
AA，*AREA（面积）
DI，*DIST（距离）
LI，*LIST（显示图形数据信息）

2. 绘图命令

PO，*POINT（点）
L，*LINE（直线）
XL，*XLINE（射线）
PL，*PLINE（多段线）
ML，*MLINE（多线）
SPL，*SPLINE（样条曲线）
POL，*POLYGON（正多边形）
REC，*RECTANGLE（矩形）
C，*CIRCLE（圆）
A，*ARC（圆弧）
DO，*DONUT（圆环）
EL，*ELLIPSE（椭圆）
REG，*REGION（面域）
MT，*MTEXT（多行文本）
T，*MTEXT（多行文本）
B，*BLOCK（块定义）
I，*INSERT（插入块）
W，*WBLOCK（定义块文件）
DIV，*DIVIDE（等分）
H，*BHATCH（填充）

3. 修改命令

CO，*COPY（复制）
MI，*MIRROR（镜像）
M，*MOVE（移动）
E，DEL 键，*ERASE（删除）
X，*EXPLODE（分解）
TR，*TRIM（修剪）
EX，*EXTEND（延伸）
S，*STRETCH（拉伸）
LEN，*LENGTHEN（直线拉长）
SC，*SCALE（比例缩放）
BR，*BREAK（打断）
CHA，*CHAMFER（倒角）
AR，*ARRAY（阵列）
O，*OFFSET（偏移）
RO，*ROTATE（旋转）
F，*FILLET（倒圆角）
PE，*PEDIT（多段线编辑）
ED，*DDEDIT（修改文本）

4. 视窗缩放

P，*PAN（平移）
Z + 空格 + 空格，*实时缩放
Z，*局部放大
Z+P，*返回上一视图
Z + E，*显示全图

5. 尺寸标注

DLI，*DIMLINEAR（直线标注）
DAL，*DIMALIGNED（对齐标注）
DRA，*DIMRADIUS（半径标注）
DDI，*DIMDIAMETER（直径标注）
DAN，*DIMANGULAR（角度标注）
DCE，*DIMCENTER（中心标注）
DOR，*DIMORDINATE（点标注）
TOL，*TOLERANCE（标注形位公差）
LE，*QLEADER（快速引出标注）
DBA，*DIMBASELINE（基线标注）
DCO，*DIMCONTINUE（连续标注）
D，*DIMSTYLE（标注样式）
DED，*DIMEDIT（编辑标注）
DOV，*DIMOVERRIDE（替换标注系统变量）

（二）常用 Ctrl 快捷键

Ctrl + 1，*PROPERTIES（修改特性）
Ctrl + 2，*ADCENTER（设计中心）
Ctrl + O，*OPEN（打开文件）
Ctrl + N、M，*NEW（新建文件）
Ctrl + P，*PRINT（打印文件）
Ctrl + S，*SAVE（保存文件）
Ctrl + Z，*UNDO（放弃）
Ctrl + X，*CUTCLIP（剪切）
Ctrl + C，*COPYCLIP（复制）

Ctrl + V，*PASTECLIP（粘贴）
Ctrl + B，*SNAP（栅格捕捉）
Ctrl + F，*OSNAP（对象捕捉）
Ctrl + G，*GRID（栅格）
Ctrl + L，*ORTHO（正交）
Ctrl + W，*（对象追踪）
Ctrl + U，*（极轴）

（三）常用功能键

F1，*HELP（帮助）
F2，*（文本窗口）
F3，*OSNAP（对象捕捉）
F7，*GRIP（栅格）
F8，*ORTHO（正交）

参考文献

[1] CAD/CAM/CAE 技术联盟. AutoCAD 2014 中文版从入门到精通 [M]. 北京：清华大学出版社，2014.

[2] 徐江华，王莹莹，俞大丽，等. AutoCAD 2014 中文版基础教程 [M]. 北京：中国青年出版社，2014.

[3] 钟日铭，博创设计坊组，等. AutoCAD 2014 中文版入门·进阶·精通. [M]. 3版. 北京：机械工业出版社，2013.

[4] 单春阳. Auto CAD 2014 项目教程 [M]. 北京：北京理工大学出版社，2016.

[5] CAD/CAM/CAE 技术联盟. AutoCAD 2014 中文版室内装潢设计从入门到精通 [M]. 北京：清华大学出版社，2014.